农民手机应用

NONGMIN SHOUJI YINGYONG

潘长勇　王伯文　主编

中国农业出版社

　　从 1946 年世界上第一台电子计算机研制成功至今，人类社会的信息处理与传播手段不断更新与改造，由此引发的信息革命正渗透到人类社会的每一个角落，深刻影响着人们的生产和生活。国际互联网的广泛应用，使人与人之间、地区与地区之间、国与国之间的经济联系与文化交流正日益变得方便、快捷、经济；信息不仅成为现代社会生产生活不可或缺的内容，同时它正日益产业化，并形成了最具活力的新的经济增长点。人类社会正向信息化时代快速迈进。

　　当前，围绕促进技术创新和产业转型升级，全球再次掀起加快信息化发展的浪潮，主要国家纷纷加快推进信息技术研发和应用，综合信息网络向宽带、融合、泛在方向演进，信息技术、产品、内容、网络和平台等加速融合发展，新的经济增长点不断催生，以互联网为代表的信息技术快速扩散，对国际政治、经济、社会和文化产生了深刻影响。

　　我国正处在加快转变经济发展方式和全面建成小康社会的关键时期。推动信息化深入发展，对拉动有效投资和消费需求，加快推动经济结构调整和发展方式转变，不断改善民生具有重要意义。党的十八大以来，党中央、国务院对信息化工作的重视程度前所未有，"互联网十"行动计划、三网融合推广方案、促进大数据发展行动纲要等有关政策密集出台，重点促进以移动互联网、云计算、物联网、大数据、智能制造为代表的新一代信息技术与现代制造业、生产性服务业等的融合创新，发展壮大新兴业态，打造新的产业增长点，为大众创业、万众创新提供环境，为产业智能化提供支撑，增强新的经济发展动力，促进国民经济提质增效升级。

　　农业部积极响应互联网行动计划，印发《农业部关于开展农民手机应用技能培训提升信息化能力的通知》，计划用 3 年左右时间，通过对农民开展手机应用技能和信息化能力培训，大幅提升农民信息供给能力、传输能力、获取能力，使农民应用信息技术的基础设施设备进一步完善，农民利用计算机和手机提供生产信息、获取市场信息、开展网络营销、进行在线支付、实现智能生产、实行远程管理等能力明显增强。

本教材是农业部为农民手机应用技能培训编写的基础教材，全书共五章。第1章绪论部分侧重讲述了通讯技术的历时沿革及其对人们生活方式的影响（由于本章技术性较强，建议有兴趣和爱好的群体学习），第2章、第3章主要讲述了智能手机及网络的选择、常见故障处理和手机App使用，第4章重点讲述了手机上网、电子支付及信息安全，第5章通过典型案例讲述在生产、经营和服务方面如何通过手机终端完成并实现各种应用。

编者

2016.5

农业部关于开展农民手机应用技能
培训提升信息化能力的通知

农市发〔2015〕4号

各省、自治区、直辖市及计划单列市农业（农牧、农村经济）、农机、畜牧、兽医、农垦、农产品加工、渔业厅（局、委、办），新疆生产建设兵团农业局：

为了加快推进农业农村经济结构调整和发展方式转变，加速推动信息化和农业现代化的深度融合，尽快缩小城乡数字鸿沟，扎实落实国务院关于积极推进"互联网＋"行动，切实提高农民利用现代信息技术，特别是运用手机上网发展生产、便利生活和增收致富能力的要求，农业部决定在全国开展农民手机应用技能培训，提升信息化能力工作。现将有关事项通知如下。

一、提升农民信息化能力是现代农业建设的重要措施

加快推进"互联网＋"现代农业行动，强化移动互联网、云计算、大数据、物联网等新一代信息技术对农业生产智能化、经营网络化、管理高效透明、服务灵活便捷的基础支撑作用是现代农业建设的重点任务。当前农村信息化基础设施建设滞后，互联网普及率不高，广大农民用不上、不会用、用不起信息技术的现象还比较普遍，城乡数字鸿沟仍然明显。提升农民信息化能力，有利于提高农业生产智能化精细化水平，有利于实现产销的更加精准对接，有利于改进农业信息采集监测方式，有利于为农民提供更加精准的服务。特别是随着移动互联技术迅速发展和手机上网的快速普及，强化农民手机上网培训和服务，是农业农村信息化"弯道超车"、城乡协同发展的重要措施，不仅使农民随时随地利用手机网络指导农业生产经营、便利日常生活成为可能，而且由于手机上网的推广成本低、培训方式灵活、农民容易接受、市场参与度高等优势，可以迅速提高农业农村信息化水平，加快促进农业现代化和全面建成小康社会目标的实现。

二、全面提升农民信息供给、传输和获取能力

开展农民手机应用技能培训，提升信息化能力以农业部门工作人员、普通农户、新型农业经营主体为主要对象，以"多渠道、广覆盖，需求导向、精准服务，政府引导、市场主体"为原则，力争用3年左右时间大幅提升农民信息供给能力、传输能力、获取能力，使农民应用信息技术的基础设施设备进一步完善，农民利用计算机和手机提供生产信息、获取市场信息、开展网络营销、进行在线支付、实现智能生产、实行远程管理等能力明显

增强，移动互联网、云计算、大数据、物联网等新一代信息技术在农业生产、经营、管理和服务等环节的手机应用模式普遍推广，面向农户的各类生产服务、承包地管理、政策法规咨询等基本实现手机上网在线服务。

三、开展农民手机使用与上网基础知识普及培训

抓住农村地区无线宽带基础设施建设加快、农民手机拥有量快速增加、手机成为农民上网最主要手段的机遇，对农民开展手机使用基本技能、上网基础知识的普及培训。充分调动手机厂商、通信运营商的积极性，鼓励他们培训农民智能手机使用方法，利用手机上网查询获取信息、阅读电子出版物、收发邮件、使用网络社交工具、在线娱乐等。探索将培训机制化制度化，逐步纳入手机厂商和通信运营商对农村消费者的售后服务之中。

四、开展农民手机使用技能竞赛活动

从 2015 年起，连续三年开展全国农民手机使用技能竞赛，以加强农民手机应用能力为目标，主要竞赛农民和新型农业经营主体利用手机上网指导生产经营能力，开展学习、购物、查询、结算、办事的理论知识和操作技能，为农民和新型农业经营主体搭建一个展示技能和相互学习交流的平台。竞赛分为预赛和决赛两个阶段，分别由各省（区、市）及新疆生产建设兵团和农业部组织，运用市场化机制原则办赛，鼓励企业和媒体广泛参与，可共同或先期组织培训，开展竞赛。

五、加强利用信息化手段便利农民生产生活的实用技术培训

以满足农民群众多样化、个性化的生产与生活需求为出发点和落脚点，开展农民信息化能力培训。农业部门要会同相关部门和企业，深入调研农民信息化能力建设的各类需求，确保培训工作具有针对性，切实符合广大农户的实际需要。要突出几个重点：一是计算机基本操作及上网技能。突出信息化基础知识、信息采集处理和传播。二是运用电子商务技术的能力。三是与农民直接相关的政策法规、市场行情、农业技术、农资识假及维权、农产品质量安全监管、动植物疫病防控、农产品营销、新型农业经营主体培育、农业社会化服务等资源的利用方法。四是与网络金融、保险、教育、文化、医疗、乡村旅游相关的实用技术和网络防诈骗知识等。五是各级农业部门加快信息资源的数据化和在线化进程的技术和方法。

六、充分动员各类资源参与农民信息化能力培训和提升

要充分利用和发挥现有培训渠道和服务体系的作用，更要顺应信息化发展趋势对改进培训手段和渠道的新要求。一是充分发挥现有农民教育培训体系的作用。中国农业电影电视中心、农民日报社、中国农业出版社、中国农村杂志社、农业部管理干部学院、中央农业广播电视学校、农业部农村社会事业发展中心等单位及所属机构要发挥培训主力军作

用，结合自身特点尽快组织开展培训活动。二是充分借助各级政府现有农业培训项目。特别是新型职业农民培育、农村实用人才带头人培训、农牧渔业大县局长轮训、农技推广骨干人才培养等，应尽快将农民信息化能力提升纳入培训内容，增加相应课程。三是充分依托基层农业服务体系和服务平台。县乡农技推广体系是农民信息化能力培训和提升的依托力量，农民信息化能力的普遍性培训工作主要由县乡基层农业技术推广机构组织实施。同时要发挥农村经营管理体系、信息进村入户和12316服务体系的作用，为农民提供短平快的农业信息化培训指导。四是充分利用现代信息技术，将电话、电视、广播、报刊等传统手段与网络课堂、手机短彩信、微博微信等现代手段相结合，开展全方位、多元化、立体式的培训。鼓励相关单位开发农业信息化能力培训软件和手机易用的App，实现便捷一站式"掌中培训"。五是发挥相关企业在农民信息化能力培训中的市场主体作用。农民对信息化有巨大的需求，电信运营、手机制造、互联网服务、电子商务、金融保险服务、消费品营销等各类企业需要开拓广阔的农村市场。农业部门要充分发挥统筹协调作用，既要争取财政资金引导培训开展，更要创建由政府统筹、市场主导的培训模式，动员相关企业等共同开展农民信息化能力培训工作，调动企业参与培训内容建设、软件开发、培训承办等的积极性，为农民提供优质服务。

七、把培训农民信息化能力作为各级农业部门的重要任务

农业部建立由部领导牵头，办公厅、人事司、经管司、市场司、财务司、科教司等单位参与的工作协调机制，日常工作由市场司承担，统筹相关单位分工负责、协同推进。各个省份、地市和县级农业部门要成立领导机构，切实强化工作协调。农业部会同有关省份，编制培训大纲；省级农业部门会同相关企业培训师资力量，编制培训材料；市县农业部门负责组织实施农民培训。各单位要明确目标任务，制订实施方案，做好进度安排，强化过程监督。农业部将把此项工作纳入对省级农业部门的绩效考核，各地也可将其纳入对农业部门的绩效考核。

八、协同推进农业农村信息化基础能力建设

各级农业部门要协同发展改革、工业和信息化、财政等部门加快通信设施和宽带网络向行政村、自然村延伸，推动出台农民上网和手机流量资费优惠政策，确保广大农村特别是贫困地区农民有网上、上得起网。要充分利用信息进村入户工程、农业物联网试验示范工程、农业政务信息化工程，加强农业和农村地区的信息化能力建设。鼓励农业科研院所和相关企业，加快研发和推广适合农业农村特点和农民消费需求的低成本计算机和智能手机终端。

九、营造全社会关心关注农民信息化能力的良好氛围

各级农业部门要充分利用网络、电视、广播、报刊、短信、微博微信等媒体手段，加强对农民信息化能力培训和提升重要意义的普及宣传，增强社会关注度，营造良好的舆论

氛围，引导农民牢固树立起"知识改变命运、技能成就梦想"的信息技术应用意识，改"要我培训"为"我要培训"。大力加强农民网络安全宣传和教育，提高网络风险防范能力。要积极研究解决新问题，及时总结推广经验做法，加强舆论引导，推动党中央、国务院关于农民信息化能力提升的各项政策措施落实到位，不断拓展大众创业、万众创新的空间，汇聚经济社会发展新动能，促进我国农业转方式实现新突破，现代农业建设不断取得新进展。

各地在工作过程中遇到的问题请及时反馈农业部市场与经济信息司。

农业部

2015 年 10 月 28 日

第1章 绪 论

现代社会已进入信息时代，人们传递信息的方式也发生了天翻地覆的变化。中国古代，军队为了及时传递敌人来犯的信息，在烽火台上点燃"燃料（有说是狼粪）"，燃烧时烟很大，故名烽火狼烟。烟在很远处都可以被看到，下一个烽火台就会同样点燃烽火，就这样烽火台一个接一个地点燃，敌人来犯的消息就很快被传递出去。家喻户晓的历史典故烽火戏诸侯，描述的就是西周时周幽王为博红颜一笑而点燃烽火，让诸侯们前来都城救驾的故事。烽火狼烟基本是用来传递紧急军情的手段，一般时期不会采用，普通老百姓之间的通信则通常采用驿马邮递的方式，类似于现近代的邮局，邮差骑马携带信件送往目的地，中间供人马休息的地方就叫驿站，形式虽如同现近代邮局，但速度却远不如现近代的汽车火车飞机。除此之外，武侠剧中的飞鸽传书也是古代人们传递信息的方式之一。

随着社会的发展进步，人们已经不能满足于以往老旧低速的通讯方式。进入到19世纪，物理学家对电的了解越来越深入，由于电信号在导线中的传播速度接近光速，比传统通讯方式快很多，人们开始研究如何用电来进行通信。1837年，英国库克和惠斯通设计制造了第一个有线电报，且不断加以改进，发报速度不断提高。这种电报很快在铁路通信中获得了应用。1838年莫尔斯发明了由点、划组成的莫尔斯电码，通过不同的点、划排列顺序来表达不同的英文字母、数字和标点符号。莫尔斯电码在电报中有着非常重要的作用，我们常听说的SOS求救信号最早就是莫尔斯电码。

有线电报速度虽然很快，但是无法摆脱电线的限制，特别是在跨洋通信中，电缆的架设成本是非常高的。而就在这时，德国物理学家赫兹发现了电磁波，无线电报的物理基础已经具备。1895年，意大利人马可尼首次成功收发无线电电报。4年后，即1899年，他成功实现英国至法国之间的传送。1902年首次以无线电进行横越大西洋的通讯。无线电报的发明使移动通讯变得可能，配备无线电电报机的远洋船只，就算在海洋上仍然能够与陆地保持通信。

电报很大程度上解决了人们对远程高速通信的需求，但无论是有线还是无线电报，它们都只能发送一串串电码，通过"翻译"后转换成文字才能供人们阅读，效率并不高。人们迫切需要一种能够直接传输声音的通信设备——电话。1876年，美国科学家 A. G. 贝尔用两根导线连接两个在电磁铁上装有振动膜片的送话器和受话器，最先实现了两端通话，这就是有线电话机最早的雏形。电话通信利用了声能与电能相互转换，采用"电信号"作为媒介来传输语言信息。两个用户进行通信时，最简单的形式就是将两部电话机用一对线路连接起来。当发话者拿起电话机对着送话器讲话时，声带的振动激励空气振动，形成声波。声波作用于送话器上，使线圈感应产生电流，称为话音电流。话音电流沿着线路传送到对方电话机的受话器内。而受话器作用与送话器刚好相反——把电流转化为声波，通过空气传至人的耳朵中，这就是有线电话的通话过程。

有线电话和有线电报一样，无法摆脱电线的限制，在使用过程中仍有诸多不便，于是人们便借鉴无线电报的部分技术发明了无线电话。无线电话也被称为移动电话、手机，是由美国贝尔实验室在1940年制造的战地移动电话机发展而来。1958年，苏联工程师列昂尼德·库普里扬诺维奇发明了ЛК－1型移动电话，1973年，美国摩托罗拉工程师马丁·库帕发明了世界上第一部商业化手机，1979年，日本开放了世界上第一个蜂窝移动电话网，从此手机便很快地走进了人们的生活，成为了不可缺少的通讯工具，让远在千里之外的好友能够如同面对面地对话。

从古代的烽火狼烟、驿马邮递、飞鸽传书到近代的电报、电话再到如今普遍使用的手机无线通信，人类借助各种各样的信息传递工具传递着难以计数的信息。每一次技术的进步，都彰显了人类的聪明才智，也推动了社会的进步。如今手机已经成为我们很多人不可或缺的通讯工具。手机的演进过程（图1-1、图1-2）。

图1-1

图1-2

1.1　手机分类与发展

按照操作系统划分，手机可以划分为智能机和功能机。一般来讲安装开放性操作系统的手机统称为智能手机。手机的发展还伴随着商用通信网络的发展，因此我们可以根据手机所使用的网络，人为地将手机划分为 1G 手机、2G 手机、3G 手机和 4G 手机。1G 手机是典型的功能机，2G 手机使用后期出现智能手机的雏形，从 3G 手机开始，智能机飞速发展，最新信息表明，5G 手机时代也离我们不远了。下面按照发展规律介绍这几代商用移动通信网络及手机。

1.1.1　功能手机

功能手机是手机的低级形态，以语音通话为主，可以做简单的多媒体应用；手机的功能在设计阶段已经固化，使用者不能根据自己的需要配置或者扩展功能。

1.1.1.1　第一代手机（1G）

1973 年，美国摩托罗拉公司工程师马丁·库珀发明了世界上第一部商业化手机，在此之前人们只能使用有线的固定电话或者军用无线电台进行远程通讯。20 世纪 90 年代，大哥大进入中国。大哥大的出现，意味着人们步入了移动通讯时代。90 年代的港台片中，大家经常会看到拿着"大哥大"手提电话的人，当年的"大哥大"似乎是身份的象征，但由于块头过大，也被人们戏称为"砖头"。携带起来虽然不方便，但它还是给人们带来了非常方便的通讯方式和新的联络体验（图 1-3）。

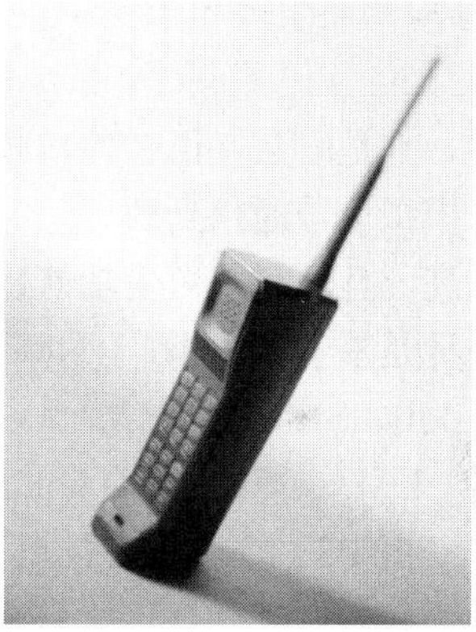

图 1-3

（1）大哥大的特点

大哥大这种重量级的移动电话，厚实笨重，状如黑色砖头，重量都在 1 千克以上。它除了打电话，没别的功能，而且通话质量不够清晰稳定，常常要喊。大哥大手机电池很大，但这块电池即使充满电也只能维持 30 分钟通话时间。虽然如此，大哥大还是非常紧俏，一机难求。当年，大哥大公开价格在 2 万元左右，但一般要花 2.5 万元才可能买到，黑市售价曾高达 5 万元。这不仅让一般人望而却步，就是中小企业买得起的也不多。大哥大的正式名字叫做"第一代模拟移动电话"，更通俗的我们可以称之为 1G 手机。

（2）第一代模拟移动通信技术

1G（1st Generation）表示的是第一代模拟移动通讯技术，是以模拟技术为基础的蜂窝无线电话系统。1G 无线系统在设计上只能传输语音，并受到网络容量的限制。由于使用模拟信号，导致 1G 抗干扰能力很弱，通话质量欠佳，且容易被窃听、盗用。由美国 AT&T 开发的 AMPS（Advanced Mobile Phone System，高级移动电话系统）是 1G 网络的典型代表。1987 年，广东为了与港澳实现移动通信接轨，率先建设了 900MHz 的 1G 模拟移动电话。2001 年 6 月，中国移动通信集团公司完全关闭模拟移动电话网，宣告国内 1G 网络终结。

(3) 中国手机第一人

中国第一个拥有手机的用户叫徐峰，如今是广东中海集团董事长。他回忆道："1987年 11 月 21 日是我终生难忘的日子。这一天，我成为中国第一个手机用户。虽然购买模拟手机花费了 2 万元，入网费 6 000 元，但是手机解决了我进行贸易洽谈的急需，帮助我成为市场经济第一批受益者。"

当时不仅购买大哥大价格昂贵，打电话也要花费不低于每分钟 1 元的通信费用，而且是双向收费（拨打方和接听方都要收费），更不要说漫游了，这种昂贵的支出，只有商界很有钱的大佬才可以消费得起。所以说，在那个年代，手机对于大多数人来说是一件奢侈品。

1.1.1.2 第二代手机（2G）

随着通信技术的发展和时间的推移，手机也在不断创新。20 世纪 90 年代末，人们对手机的需求越来越大，第一代模拟移动技术的诸多弊端越来越显现出来，这时 2G 应运而生（图 1-4）。

图 1-4

2G（2nd Generation）是第二代手机通信技术的简称，它是以数字语音传输技术为核心的通信技术。实现了模拟信号通信到数字信号通信的转变，通话质量大幅提高，且增加了短信功能。2G 技术基本可被分为两种：一种是基于 TDMA（Time Division Multiple Access，时分多址）所发展出来的以 GSM（Global System for Mobile Communication，全球移动通信系统）制式为代表。另一种则是 CDMA（Code Division Multiple Access，码分多址）制式。

由 1G 进入 2G 时代后，移动数据网络极大地推动了传统手机的发展，传统手机仅有的语音通话功能已不能满足需求，人们对可以运行网络应用的手机需求越来越强烈，智能手机便产生了。

智能手机是指像个人电脑一样，具有独立的操作系统，独立的运行空间，可以由用户自行安装软件、游戏、导航等第三方服务商提供的程序，并可以通过移动通讯网络来实现无线网络接入手机类型的总称。

IBM Simon（西蒙）是世界上公认的第一部智能手机，它由 IBM（International Business Machines Corporation，国际商业机器公司）与 BellSouth（贝尔南方公司）合作制造。1993 年制造时，它就已经集手提电话、个人数码助理、传呼机、传真机、日历、行程表、世界时钟、计算器、记事本、电子邮件、游戏等功能于一身。其最大的特点就是，没有物理按键，输入完全靠触摸屏操作。这在当时造成了不小的轰动。1994 年全面上市时 Simon 的价格为 899 美元，在美国有近 200 个城市在销售 Simon。

IBM Simon 采用的是定制的主频 16MHz 单核处理器，运行 Zaurus OS 操作系统，仅有 1MB 的 RAM 和 ROM，相比于现在动辄 4 核 8 核上 GHz 的处理器和 2GB、4GB 的内存，Simon 配置显得非常低，但却实现了手机由非智能机到智能机的跨越。

2G 时代智能手机应用并不丰富，仅支持简单的日历、闹钟、记事本、电子邮件、浏览器等简单功能，后来很多 2G 手机开始支持 Java 程序，这在一定程度上扩充了 2G 智能手机的应用数量，例如，大家常见的 Java QQ、斗地主等。

1.1.2　智能手机

智能手机，在支持移动通信的基础上，像个人电脑一样，具有独立的操作系统和运行空间，可以由按照用户喜好安装应用程序，例如，游戏、社交软件等，可以实现无线网络接入。智能手机已经在全世界范围内广泛使用，极大地便利了我们的工作与生活。

1.1.2.1　第三代手机 (3G)

3G（3rd Generation）手机就是指第三代手机，相对第一代模拟制式手机（1G）和第二代 GSM、CDMA 等数字手机（2G），第三代手机一般地讲，是指将无线通信与网络访问相结合的新一代移动通信系统。它能够处理图像、音乐、视频等多种媒体形式，提供包括网页浏览、电话会议、电子商务等多种信息服务。为了提供这种服务，无线网络必须能够支持不同的数据传输速度，也就是说在室内、室外和行车的环境中能够分别支持至少 2Mbps（兆比特/每秒）、384kbps（千比特/每秒）以及 144kbps 的传输速度。具备强大功能的基础是 3G 手机较高的数据传输速度，GSM 移动通信网（2G）的传输速度为每秒 9.6KB，而第三代手机可以达到的数据传输速度可达每秒 2MB，在这中间数据打包技术起到了相当重要的作用。在 GSM 上应用数据打包技术发展出的 EDGE 已可达到每秒 473.6kbps 的传输速度，这相当于 D - ISDN 传输速度的两倍，而应用数据打包技术的 3G 能轻松达到 2Mbps 的传输速度。3G 手机不仅支持高质量的话音通话，还能提供丰富多彩的网络应用，大大扩展了手机的功能和通讯内涵。

图 1 - 5

3G 时代，摆脱了低网速的限制，手机软硬件也同步提升，手机有了通话之外的更多功能，在线视频、听歌、聊天、高速办公，这些都成为可能（图 1 - 5）。

伴随 3G 而来的有一个很火的词：智能手机。iOS（苹果手机操作系统）、Android（安卓手机操作系统）、Symbian（原诺基亚手机操作系统）、Windows Phone（微软智能手机操作系统）等智能操作系统应运而生，智能手机相比于非智能机有着更强大的硬件和功能更多的软件。

高速的 3G 网络提供了足够的下载速度，智能手机强大的配置足以应对众多服务。以往人们只能在电脑上做的事情在手机上也能够完成，当时家用宽带一般只有 4～10Mbps，且年付费用昂贵，而 3G 的带宽最高则有 14.4Mbps，网速上不落后于家用宽带网。相比于笨重的电脑，人们更愿意通过手机听歌、看电影、聊 QQ、发邮件、看新闻、逛淘宝，电脑的地位正逐步被智能手机所取代（图 1 - 6）。

图 1 - 6

1.1.2.2 第四代手机（4G）

进入高速互联网时代，随着数据通信与多媒体业务需求的发展，为了适应移动数据、移动计算及移动多媒体运作的需要，第四代移动通信开始兴起，4G 这一新的技术已经给通信带来翻天覆地的变化（图 1-7）。

图 1-7

4G（4th Generation）通信理论上可达到 100Mbps 的传输速率，4G 网络在通信带宽上比 3G 网络的蜂窝系统的带宽高出许多。每个 4G 信道将占有 100MHz 的频谱，相当于 WCDMA 3G 网络的 20 倍，网络传输速度比目前的部分家用有线宽带还要快很多。4G 手机就是支持 4G 网络传输的手机，移动 4G 手机最高下载速度超过 80Mbps，是国内最快的联通 3G 的 2 倍。

4G 主要基于 LTE（Long Term Evolution，长期演进）技术，其核心技术是 OFDM（Orthogonal Frequency Division Multiplexing，正交频分复用技术）和 MIMO（Multiple-Input Multiple-Output，多输入多输出系统），使得频谱效率得到极大提高，主要针对视频传输，实验传输速率可达 1Gbps。

4G 是集 3G 与 WLAN 于一体，并能够传输高质量视频图像，它的图像传输质量与清晰度与高清数字电视不相上下。4G 目前已经实现，功能上要比 3G 更先进，频带利用率更高，速度更快。

（1）4G 制式

4G 是集 3G 与 WLAN 于一体，并能够快速传输数据、高质量音频、视频和图像等。4G 能够以 100Mbps 以上的速度下载，比当时的家用宽带 ADSL（4Mbps）快 25 倍，并能够满足几乎所有用户对于无线服务的要求。此外，4G 可以在 DSL 和有线电视调制解调器没有覆盖的地方部署，然后再扩展到整个地区。很明显，4G 有着不可比拟的优越性。

4G 技术包括 TD-LTE 和 LTE-FDD 两种制式（严格意义上来讲，LTE 只是 3.9G，尽管被宣传为 4G 无线标准，但它其实并未被 3GPP 认可为国际电信联盟所描述的下一代无线通讯标准 IMT-Advanced，因此在严格意义上其还未达到 4G 的标准。只有升级版的 LTE Advanced 才满足国际电信联盟对 4G 的要求）。LTE 项目是 3G 的演进，它改进并增强了 3G 的空中接入技术，采用 OFDM 和 MIMO 作为其无线网络演进的两大技术标准。根据 4G 牌照发布的规定，国内三家运营商中国移动、中国电信和中国联通，都拿到了 TD-LTE 制式的 4G 牌照。

TD-LTE 和 LTE-FDD 有着基本相同的功能和演进，在技术上的重合率也很高，很多技术专利都是 TD-LTE 与 LTE-FDD 通用的。它们的不同之处在于 LTE-FDD 处理上下行数据时是同时进行的，类似于双车道行车互无影响，TD-LTE 则是通过不同时间切换上传状态或者下载状态，就好比信号灯控制单向可用（图 1-8）。

LTE 主要特点是在 20MHz 频谱带宽下能够提供下行 100Mbps/s 与上行 50Mbps/s 的峰值速率，相对于 3G 网络大大地提高了小区的容量，同时将网络延迟大大降低：内部单向传输时延低于 5ms，控制平面从睡眠状态到激活状态迁移时间低于 50ms，从驻留状态到激活状态的迁移时间小于 100ms。并且这一标准也是 3GPP 长期演进（LTE）项目，是

FDD 上下行数据同时传输
像双车道运行，上行与下载可同时进行

TD 上下行数据分开传输
像单车道运行，通过"信号灯"控制通道为上传或下载

FDD 制式 4G 网络能实现实时的上传与下载，而 TD 制式 4G 网络需要通过信号灯切换改变上传与下载通道，对于用户而言，FDD 的网络体验相对来说会更胜一筹。

图 1 - 8

近两年来 3GPP 启动的最大的新技术研发项目，其演进的过程如下：

GSM ⟶ GPRS ⟶ EDGE ⟶ WCDMA ⟶ HSDPA/HSUPA ⟶ HSDPA＋/HSUPA＋⟶LTE - FDD

网络传输速率的演进过程如下：

GSM：9K ⟶ GPRS：42K ⟶ EDGE：172K ⟶ WCDMA：364k ⟶ HSDPA/HSUPA：14.4M ⟶ HSDPA＋/HSUPA＋：42M ⟶ LTE - FDD：150M

由于 WCDMA 网络的升级版 HSPA 和 HSPA＋均能够演化到 LTE - FDD 这一状态，所以这一 4G 标准获得了最大的支持，也将是未来 4G 标准的主流。TD - LTE 与 TD - SCDMA 实际上没有关系，不能直接向 TD - LTE 演进。

（2）4G 优势

◇ **优势一：通信速度快**

4G 的产生就是为了满足人们对无线通信速度的需求，由于采用 OFDM 和 MIMO 技术，4G 有着远高于 2G、3G 的通信速度。

第一代模拟式仅提供语音服务，第二代数字式移动通信系统传输速率也只有 9.6Kbps，第三代移动通信系统数据传输速率可达到 2Mbps，而第四代移动通信系统传输速率则可达到 100Mbps。通过以上的对比可以了解到 4G 在速度方面具有很大的优势。

◇ **优势二：通信灵活**

4G 手机丰富的功能让人们使用手机通信不再限于电话短信，QQ、微信、飞信等应用让人们只需要使用流量即可与朋友进行文字、语音、视频等多种形式的交流，节省了大量的通话和短信费用。

不仅如此，灵活的 4G 通信让更多的手机之外的设备接入互联网，4G 摄像头、4G 传感器等诸多智能设备极大地改善了我们的生活。

◇ **优势三：兼容性好**

4G 被人们快速接受的原因不仅是它强大的功能，更是因为 4G 过渡过程的平滑，用户可以在投入很少的情况下从新开始使用 4G。现在的 4G 手机大多兼容 2G、3G 网络，在 4G 未覆盖的区域自动切换为 2G、3G 网络，让我们受益于 4G 高速的同时没有断网的问题。

◇ **优势四：高质量通信**

相比于 1G 时代的通话质量差、不抗干扰、易被窃听，2G 之后的通信技术都能做到较好的通话质量，特别是 4G 中的 VoLTE 技术，接通等待时间更短，通话更加清晰、自然，几乎不会发生掉线的问题。

◇ **优势五：频率效率高**

无线频谱的资源有限，随着通信网络用户的增多，频谱资源越来越少，4G 采用了更先进的 OFDM 技术，在频谱资源的利用率上有了很大的提升，通俗的说就是让更多的人使用与以前相同数量的无线频谱做更多的事情，而且做这些事情的时候速度更快。

◇ **优势六：费用便宜**

国内运营商大力推动 4G 建设普及，鼓励人们使用 4G，4G 的资费也有了很大的降低，语音通话每分钟价格变低了，流量购买也非常便宜，而在 2G 时代收取的国内长途、漫游费用，在 4G 时代已经完全被取消。

总的来说，4G 是相比 2G、3G 更便宜快捷的通信方式。

对于人们来说，4G 通信的确显得很复杂，不少人都认为第四代无线通信网络系统是人类有史以来发明的最复杂的技术系统。的确，第四代无线通信网络在具体实施的过程中出现了大量令人头痛的技术问题，这一点也不让人们感到意外和奇怪，技术总是在不断的挑战中突破和进步，帮助人们克服越来越多的难题。

（3）4G 与我们的生活

2013 年 12 月 4 日下午，第四代移动通信业务牌照的下发标志着中国正式进入了 4G 时代。4G 相比于 3G，4G 具有更高的传输速率，也就意味着更加流畅的移动互联网体验，用一张图来对比这四代通讯技术（图 1-9）。

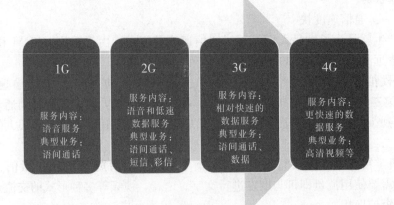

图 1-9

进入 4G 时代之后，智能手机发展更是一日千里，越来越多高精尖技术被投放到手机行业，一部仅重百克的手机却集成了无数的电子电路。智能手机的发展不仅体现在硬件基础上，更体现在与之配套的操作系统和软件服务上，操作系统不断更新发展，越来越深刻阐释了"智能"的含义，软件服务细致入微，贯穿了人们工作生活的方方面面。

4G 的高传输速率、低费率则为更多网络带宽要求高的应用诸如视频会议、在线听歌、在线看电影等提供了强大的支撑，改变了人们使用手机的习惯。以前人们打开的网页以文字为主，因为大量的图片会占用过多的带宽导致加载缓慢，让手机互联网体验大打折扣。以往用手机看视频时一般都是从电脑上下载好之后拷贝到手机上观看，但现在我们可以直接通过手机网络在线观看电影。以前需要大量设备支持的远程视频会议，现在只需要一部手机，随时随地即可开启多人会议。高速率、低费率、安全可靠的 4G 网络带给了我们更加便捷的工作生活体验。

1.2　农民手机应用的背景与意义

1.2.1　农民手机应用技术背景

随着我国社会信息化程度加深，互联网通信技术快速发展。互联网通信技术不仅丰富了人们的日常生活，加强了人们之间的交流联系，而且改变了人们的行为方式。互联网通信技术极大地满足了人们对于信息的需求，在与传统的通信技术竞争中占据很大的优势。

网络时代之前，信息与知识的主要承载形式是纸质材料，例如，书本、报纸、刊物等。虽然那时已经有了广播电影电视等电子媒介，但由于制作条件较高、不利于个人保存与随时随地获取，加上当时的电子媒介以音频和视频为主要承载形式，因此，电子媒介不具备广泛推广条件。随着网络时代的来临，信息与知识的主要承载形式慢慢由纸质媒体转移到网络，人们获取信息与知识的途径也随之由各种印刷品扩展到网络。今天，人们上网的时间远多于读书的时间，日常生活中的大部分信息来源是网络而不是书刊。地铁、公交上，几乎人人拿着一部智能手机来浏览信息。网络、终端、应用以及商业模式正处于变革和创新中，移动互联网发展的基础环境正变得日益成熟，随之而来的是智能手机给互联网带来的变革。

图 1-10

总的来说，人们对网络的需求不断推动着移动互联网进步，移动互联网的进步反过来为手机新功能的诞生奠定了技术基础，手机新功能则满足了人们越来越丰富的需求。这样就形成了一个良好的闭环，在促进中不断发展（图 1-10）。

1.2.1.1　高速移动互联网的建设

移动互联网，就是将移动通信和互联网二者结合起来，成为一体。是指互联网的技术、平台、商业模式和应用，与移动通信技术结合并实践的活动的总称。4G 时代的开启以及移动终端设备的升级必将为移动互联网的发展注入巨大的能量。

在我国互联网的发展过程中，PC 互联网已日趋饱和，移动互联网却呈现井喷式发展。根据中国互联网协会 2016 年 1 月 6 日发布的《2015 中国互联网产业综述与 2016 发展趋势报告》，截至 2015 年 11 月，我国手机上网用户数已超过 9.05 亿，月户均移动互联网接入流量突破 366.5M。

移动互联网（MobileInternet，MI）是一种通过智能移动终端，采用移动无线通信方式获取业务和服务的新兴业务，包含终端、软件和应用 3 个层面。终端层包括智能手机、平板电脑、电子书、MID 等；软件包括操作系统、中间件、数据库和安全软件等。应用层包括休闲娱乐类、工具媒体类、商务财经类等不同应用与服务。

随着移动终端技术的飞速发展，人们迫切希望能够随时随地乃至在移动过程中都能方便地从互联网获取信息和服务，移动互联网应运而生并迅猛发展。

在 2G 时代，手机网络传输速率严重不足，且流量费用偏高，限制了诸多网络应用的发展普及，在进入 3G、4G 时代之后，三大运营商同时发力推进高速移动互联网的建设，网速有了很大提高的同时，网络资费也大幅下降，众多各式各样的网络应用进入了人们工作生活的方方面面，本书后续章节会详细介绍网络应用的安装和使用。

1.2.1.2　OFDM 技术

OFDM（Orthogonal Frequency Division Multiplexing，正交频分复用技术）是一种由 MCM（Multi‑Carrier Modulation，多载波调制）发展而来的技术。OFDM 技术是多载波传输方案的实现方式之一，它的调制和解调是分别基于 IFFT 和 FFT 来实现的，是实现复杂度最低、应用最广的一种多载波传输方案（图 1‑11）。

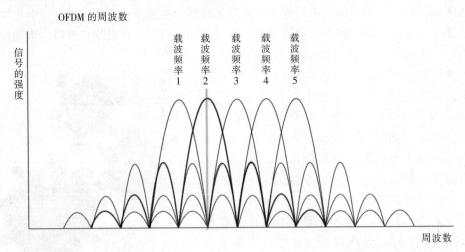

图 1‑11

在通信系统中，信道所能提供的带宽通常比传送一路信号所需的带宽要宽得多。如果一个信道只传送一路信号是非常浪费的，为了能够充分利用信道的带宽，就可以采用频分复用的方法。

OFDM 主要思想是：将信道分成若干正交子信道，将高速数据信号转换成并行的低速子数据流，调制到在每个子信道上进行传输。正交信号可以通过在接收端采用相关技术来分开，这样可以减少子信道之间的相互干扰（ISI）。每个子信道上的信号带宽小于信道的相关带宽，因此每个子信道上可以看成平坦性衰落，从而可以消除码间串扰，而且由于每个子信道的带宽仅仅是原信道带宽的一小部分，信道均衡变得相对容易。

20 世纪 70 年代，韦斯坦（Weistein）和艾伯特（Ebert）等人应用离散傅里叶变换（DFT）和快速傅里叶方法（FFT）研制了一个完整的多载波传输系统，叫做正交频分复用（OFDM）系统。

OFDM 是一种特殊的多载波传输方案。OFDM 应用 DFT 和其逆变换 IDFT 方法解决了产生多个互相正交的子载波和从子载波中恢复原信号的问题。这就解决了多载波传输系统发送和传送的难题。应用快速傅里叶变换更使多载波传输系统的复杂度大大降低。从此 OFDM 技术开始走向实用。但是应用 OFDM 系统仍然需要大量繁杂的数字信号处理过程，而当时还缺乏数字处理功能强大的元器件，因此 OFDM 技术迟迟没有得到迅速发展（图 1-12）。

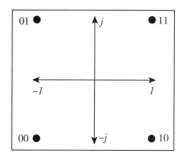

图 1-12

近些年来，集成数字电路和数字信号处理器件的迅猛发展，以及对无线通信高速率要求的日趋迫切，OFDM 技术再次受到了重视。由于 OFDM 的频率利用率最高，理论和技术上成熟。因此，3GPP/3GPP2 成员多数选择 OFDM 作为第四代移动通讯无线接入技术之一。预计在 5G 仍然作为主要的调制方式。

4QAM：通过正交频分复用在一个信号里可以传输 4 种不同状态。

64QAM：通过正交频分复用在一个信号里可以传输 64 种不同状态。

1.2.1.3 芯片技术

（1）什么是芯片

芯片（英文 Chip）就是半导体元件产品的统称。是集成电路（IC，Integrated Circuit）的载体，由晶圆分割而成。

（2）手机芯片

手机芯片通常是指应用于手机通讯功能的芯片，包括基带、处理器、协处理器、RF、触摸屏控制器芯片、Memory、处理器、无线 IC 和电源管理 IC 等。目前主要手机芯片平台有 MTK、ADI、TI、AGERE、ST - NXP Wireless、INFINEON、SKYWORKS、SPREADTRUM、Qualcomm 等。

在 1.1 手机的演化章节里面我们讲过传统手机越来越小，从重达 1 千克的大哥大到不足百克的袖珍手机，这样的改变正是因为有了芯片技术的发展，原来庞大的电路被集成到越来越小的芯片内部。同时芯片的功耗也越来越低，使得手机待机时间更长。

（3）手机处理器芯片

手机处理器芯片众多，可以从架构、制程、核心数、生产厂商等多个角度进行分类。

A）架构

手机处理器芯片主要有两大架构：英国 ARM 公司的 ARM 架构和美国 Intel 公司主导的 x86 架构。

由于 ARM 架构和目前主流的安卓、iOS 系统的良好兼容性，目前 ARM 架构在手机 cpu 中占据主导地位，占有 90% 的市场份额。

ARM 架构属于 RISC（Reduced Instruction Set Computer，精简指令集）架构，指令集精简、但指令等长，虽然这样的设计可以提高处理效率，但在遇到复杂的指令后，就需要更多的简单指令来堆砌复杂任务。ARM 架构有多个家族，我们常听说的 ARMv7 架构就属于 cortex 家族。由于 ARM 公司采用的是转让设计方案的方式由合作伙伴生产不同的手机芯片，因此合作伙伴可以对处理器进行较大幅度的修改，也就造就了 ARM 处理器阵营成员众多的场面。

由于在第一次智能手机革命中，大部分智能手机运行的操作系统都比较简单，所以手机厂商和系统公司都选择了 ARM 构架的处理器来匹配当时的智能手机。

我们就可以很直白的这么理解，为什么在进入第二次智能手机革命后，手机的硬件不断提升，处理器的核心数翻倍的增长。

简单来说就是，ARM 构架的处理器芯片虽然可以完美应对像塞班、WM 这类的早期操作系统，但当 iOS 和 Android 问世后，ARM 构架的单个芯片便难以驾驭这种复杂的操作系统，为了能够与不断升级的 iOS 和 Android 系统达成操作上的流畅一致，ARM 构架的处理器必须不断的升级核心数量，最终通过多个指令完成复杂的任务操作。

说完了 ARM 构架，当然就不得不谈一谈在 PC 及服务器领域应用广泛的 Intel x86 架构。x86 是英特尔推出的一种复杂指令集，用于控制芯片的运行程序，目前该构架的处理器已经广泛运用在 PC 领域。除了英特尔，其他公司也有制造 x86 架构的处理器，AMD 就是 Intel 以外最成功的 x86 架构处理器制造商。

x86 构架属于典型的 CISC（Complex Instruction Set Computer，复杂指令集）架构，指令集丰富，指令不等长，善于执行复杂工作，更强调串行性能，它的整体运算能力要比只为移动而生的 ARM 架构强大，并且在 PC 领域已经广泛应用，拥有深厚的技术背景。

虽然 ARM 构架和 x86 构架分别采用了两种指令集，无法进行直观的比较，但它们却各有优劣，就好比姚明和刘翔一样，我们是无法将这两位体育健将放在一个比赛场地进行衡量的。

从目前来看，市面上大部分的智能手机都搭载了 ARM 构架的处理器芯片，但是随着移动平台操作系统（iOS、Android）的不断升级和完善，ARM 构架的劣势就暴露出来了，必须不断升级核心数量和能力才能应对更加复杂的系统升级。

而 x86 构架则与之相反，自进军移动市场后，依靠着英特尔在 PC 市场积累下来的经验和技术，让其在单核、双核的情况下就能展现出强劲的性能，并且可以与 ARM 构架的四核处理器相抗衡。虽然性能上得到了保证，却无法进行大范围的芯片普及和系统应用兼容性的完善，导致市面上采用 x86 构架的移动产品较少。

B）制程工艺

制程工艺就是通常我们所说的 CPU 的"制造工艺"，是指在生产 CPU 过程中，集成电路的精细度。精细度越高，生产工艺越先进，在同样的材料中可以制造更多的电子元件，连接线也越细。精细度越高，CPU 的功耗也就越小。

芯片制造工艺在 1995 年以后，从 0.5 微米、0.35 微米、0.25 微米、0.18 微米、0.15 微米、0.13 微米、90 纳米、65 纳米、45 纳米、32 纳米、28 纳米、22 纳米、14 纳米（现阶段），一直发展到未来的 10 纳米、7 纳米、5 纳米（图 1 - 13）。

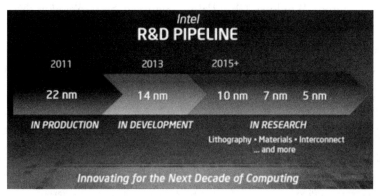

图 1 - 13

制程越小，在同样的面积内就能容纳更多的电路，让电路更加小型化，同时更小的制程也代表着更低的功耗。

C）核心数

手机处理器同电脑处理器一样有单核多核之分。现在的手机软件众多，对处理器的性能要求也越来越高，单核心越来越难满足软件的需求，多核处理器很好地解决了这个问题，多个核心能够分担不同的处理任务。

智能手机刚兴起之际，双核手机算是高端机型，慢慢地耳旁常听到的字眼变成了4核，6核甚至于8核手机也很常见。多核一般而言意味着处理能力的提升，然而需要注意的是，多核很多时候带来的也有耗电。如果手机没做好多核心的管理，长期让多核心同时工作势必会导致手机续航减少，这也是手机厂商面临的问题之一。

D）生产厂商

i 高通

鼎鼎有名的骁龙（Snapdragon）处理器就是高通公司旗下的处理器系列。

骁龙处理器平台是高度集成的移动优化系统芯片（SoC），结合了业内领先的3G/4G移动宽带技术与高通公司自有的基于ARM指令集的微处理器内核，拥有强大的多媒体功能、3D图形功能和GPS引擎。骁龙处理器的优势在于结合了强大的应用处理性能和超低功耗能力。

ii 华为

华为旗下的处理器系列名为海思，是华为采用ARM架构自主设计的手机处理器。海思K3V2是2012年业界体积最小的四核A9架构处理器。它是一款高性能CPU，主频分为1.2GHz和1.5GHz，是华为自主设计，采用ARM架构35NM、64位内存总线，是Tegra 3内存总线的两倍。该处理器的出现结束了中国国产手机"缺核少芯"的局面，使华为成为继三星和苹果之后第三家可以独立生产芯片的手机生产商。这几年国产海思处理器发展迅速。

iii 德州仪器

德州仪器（TexasInstruments）在手机CPU市场中的地位就如同手机市场中的苹果，当之无愧的大哥级。旗下的OMAP系列处理器一直是诺基亚、多普达和Palm的御用CPU，能够兼容Linux、Windows CE、Palm、Symbian S60、WindowsMobile主流操作系统。从最初的主频为132的OMAP710，到如今主频为1.5GHz集成ARM－Cortex－A9双核心的OMAP4440型处理器，以及主频为2GHz集成ARM－Cortex－A15多核心的OMAP543x型处理器，德州仪器一直走在手机CPU发展的前列，但由于市场竞争等原因，在2012年德州仪器宣布退出手机CPU领域。

iv 三星

三星的手机CPU经过几年发展已有不小的成就，2011年2月，三星电子正式将自家基于ARM构架处理器品牌命名为Exynos。Exynos由两个希腊语单词组合而来：Exypnos和Prasinos，分别代表"智能"与"环保"之意。Exynos系列处理器主要应用在智能手机和平板电脑等移动终端上。三星自家手机多数采用Exynos处理器。

v 苹果

苹果处理器同样是ARM授权自主研发的处理器，苹果公司处理器一般以A系列命令，如iphone5的A6处理器，iphone6的A8处理器。苹果的处理器只用在iphone手机上，并不对外销售。凭借着苹果强大的研发能力，A系列处理器性能卓越，丝毫不落后于其他厂商的 ARM 架构处理器。

1.2.2　农民手机应用意义

1.2.2.1　手机日常应用

大哥大时期，手机重量超过 1 千克，是一个不折不扣的大砖头，需要皮包才能把它收纳起来。后来手机慢慢发展进入 2G 时代，体积和重量都有了大幅地减少，手机可以被人们随意的放进口袋，但这时的手机仍以电话短信功能为主，并不时常被人们使用，只有在需要时才用来语音通话。这时候的很多互联网访问都是在电脑上进行的，电脑上可以处理文档、玩游戏、聊 QQ，柜子般大小的机箱外加显示器成了人们对上网的第一印象。

进入了智能手机时代，手机集成了越来越多的功能，从 2G 时代智能机的记事本、电子邮件、Java QQ，到 3G 时代的在线音乐、手机新闻，再到如今深入到工作生活方方面面的 4G 智能机，手机虽然还是被人们放在口袋，但人们的工作生活却因为口袋中这个小小的东西而发生着翻天覆地的变化。而电脑虽然也在慢慢缩小体积，但仍然不如手机小巧便携。

早起，叫醒我们的再也不是原来床头的闹钟，智能手机的闹钟程序准时用预先设置好的优美音乐将我们唤醒。滑开手机，主界面大屏幕上显示着天气、日历、行程等信息，犹如私人秘书般周到细致。

早餐时，我们可以用智能手机新闻 App 阅读最新最热的新闻时事，同时用叫车软件预约车辆。

工作时，我们利用智能手机帮助我们联系同事、处理文件、拍照、发邮件，时不时还能与其他城市的同事开展视频会议。

当然，下班后智能手机依旧帮助我们快人一步预约好了出租车让我们早点回家。晚上的时光更是智能手机大显身手的时候，聊天软件帮我们和好友顺畅交流，餐饮 App 用来预约餐厅，只需要动几下手指，一切即可安排妥当。

回家躺进被窝睡不着时，打开智能手机，小说、音乐、大片，相信这些都是娱乐消遣的好工具。

智能手机的作用当然还远不止这些，网上学习、游戏娱乐、旅行订票等都有相应的手机 App 帮我们解决。这不禁让我们感慨，拥有手机才真是运筹帷幄之间，决胜千里之外，手机算得上是口袋里的电脑。

1.2.2.2　手机在农业中的应用

在移动互联网的影响下，传统的农业、商业模式都发生了巨大变革。传统农业的增长方式主要依赖于自然，资源中国作为农业大国，受此制约良多，现代农业的发展主要依赖于信息和科技，互联网可以为农民带来更多的实惠和机遇。

互联网不仅可以便利生活，快捷、安全的通过官方渠道了解政策、法律法规和行业发展方向。"互联网＋农产品销售"让农产品从田间到最终用户，全程透明，提升最终用户认可度，树立农业品牌；改变农产品销售市场，减少中间销售环节，让农民增收，降低最终用户成本。"互联网＋农资市场"可以标准化农资产品，降低农民采购成本，保障农资质量，利于农资市场良性、健康发展。"互联网＋科技创新"整合农业科研人才、农业技术推广人才和新型职业农民，根据农业生产的复杂环境，选择最符合经济和自然规律的生产方式，加速物联网、自动化进程，尽早实现智慧农业。"互联网＋金融"为农民提供多样化金融服务，支持农村经济发展。

　　智能手机的应用是普及移动互联网的重要途径。在移动互联网高速发展的今天，首先应该让广大的农民搭上移动互联互通的航母，教会他们如何操作智能手机，增强广大农民的互联网思维，最终支持农民自我提升与发展。

　　农民智能手机的使用率和使用程度，在很大程度上决定了农村的信息化建设水平。教会广大农民使用手机，不仅是让广大农民借助新技术和互联网实现致富梦想，更是国家和农业部为了缩小城乡差距，提高农村意识水平做出的创新。

第2章 手机选择和使用

2.1 网络和手机的选择

2.1.1 SIM卡和网络运营商的选择

2.1.1.1 SIM卡介绍

SIM卡，就是俗称的手机电话卡，想要实现手机通话和4G网络的访问就离不开这一张小小的卡片。SIM卡通常有3种不同规格和尺寸，分别为SIM、Micro-SIM以及Nano-SIM如上图所示，三者统称为SIM卡。这3种卡的芯片部分是一样的，区别只在于芯片外围塑料部分面积的不同。随着移动通信的发展，SIM卡的体积越来越小，以满足手机轻薄化的发展潮流（图2-1）。

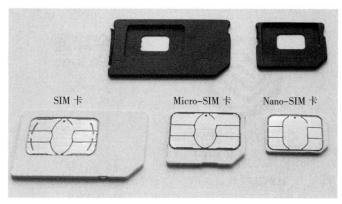

SIM卡　　　　　　Micro-SIM卡　　　Nano-SIM卡

图2-1

如果发现SIM卡体积过大无法插进手机的卡槽，这时候可以前往网络运营商（如移动、联通或电信）的营业厅办理更换尺寸合适的SIM卡，也可以选择在营业厅或其他的地方使用专用的剪卡器将SIM卡裁剪至合适的尺寸，切记不要用普通剪刀自行裁剪，否则有可能造成接触不良等后果。

类似的，如果发现SIM卡体积过小，同样可以去当地的网络运营商更换尺寸合适的SIM卡，又或者可以使用如上图中的片状卡套，使SIM卡增大到合适的尺寸，这种卡套很多地方都可以买到。

2.1.1.2 运营商介绍

（1）中国移动

中国移动有限公司（图2-2）于1997年9月3日在香港成立，并于1997年10月22日和23日分别在纽约证券交易所和香港联合交易所有限公司上市。公司股票在1998年1

月 27 日成为香港恒生指数成分股。

图 2-2

中国移动通信集团是中国内地最大的移动通信服务供应商，拥有全球最多的移动用户和全球最大规模的移动通信网络。2015 年，中国移动有限公司再次被国际知名《金融时报》选入其"全球 500 强"，位列《财富》"世界 500 强排行榜"的第 55 位，被著名商业杂志《福布斯》选入其"全球 2 000 领先企业榜"，并入选道·琼斯可持续发展新兴市场指数（Dow Jones Sustainability Emerging Markets Index）。

于 2014 年 12 月 31 日，中国移动通信集团的员工总数达 241 550 人，客户总数达 8.07 亿户，并保持内地市场领先地位。

（以上简介节选自中国移动有限公司官方网站，有删节。）

A）中国移动的子品牌

中国移动曾经使用过全球通、动感地带、神州行 3 个子品牌，分别针对商务、学生和其他用户的使用特点，将套餐分成这三大类型，使得套餐选择相对简单（图 2-3）。

图 2-3

然而，为了推广 4G 业务，中国移动将旗下的这三大品牌合并成一个新的统一品牌"and! 和!"（图 2-4）。

图 2-4

这样的整合可以最大限度地提高宣传的影响力，以强势推进 4G 的网络普及。

（2）中国联通

中国联合网络通信集团有限公司（简称中国联通）于 2009 年 1 月 6 日在原中国网通和原中国联通的基础上合并组建而成，在国内 31 个省（自治区、直辖市）和境外多个国家和地区设有分支机构，是中国唯一一家在纽约、香港、上海三地同时上市的电信运营企业，连续多年入选《财富》"世界 500 强企业"，在 2015 排名第 227 位（图 2−5）。

图 2−5

中国联通主要经营固定通信业务，移动通信业务，国内、国际通信设施服务业务，卫星国际专线业务、数据通信业务、网络接入业务和各类电信增值业务，与 通信信息业务相关的系统集成业务等。中国联通于 2009 年 4 月 28 日推出全新的全业务品牌"沃"，承载了联通始终如一坚持创新的服务理念，为个人客户、家庭客户、集团客户提供全面支持。

中国联通拥有覆盖全国、通达世界的现代通信网络，积极推进固定网络和移动网络的宽带化，积极推进"宽带中国"战略在企业层面的落地实施，为广大用户 提供全方位、高品质信息通信服务。2009 年 1 月，中国联通获得了当今世界上技术最为成熟、应用最为广泛、产业链最为完善的 WCDMA 制式的 3G 牌照。2013 年 12 月 4 日，中国联通获得了工业和信息化部颁发的 LTE/第四代数字蜂窝移动通信业务（TD−LTE）经营许可，2015 年 2 月 27 日，工业和信息化部向中国联通发放了 LTE FDD 经营许可。至此，中国联通成为拥有 TD−LTE 和 LTE FDD 两种 4G 牌照的"双 4G"运营商，开始进入 4G 发展新阶段。

（以上简介节选自中国联通公司官方网站，有删节。）

A）中国联通的子品牌

联通最早在 3G 时代就提出了"沃"和"WO"这两个中英文的品牌（图 2−6），它和移动之后提出的"and 和"一样，都没有特别明确的意义，最大的作用是作为一个简短好记的名字，在大量的宣传中使人们加深印象，用于提高整个运营商的影响力。

图 2−6

现在新办理的所有联通手机业务，都属于"沃"的范围。

（3）中国电信

中国电信集团公司（简称中国电信）成立于 2000 年 5 月 17 日，注册资本 2 204 亿元人民币，资产规模超过 7 000 亿元人民币，年收入规模超过 3 800 亿元人民币。中国电信是中国三大主导电信运营商之一，位列 2015 年度《财富》杂志全球 500 强企业排名第 160 位，多次被国际权威机构评选为亚洲最受尊敬企业、亚洲最佳管理公司等。作为综合信息服务提供商，中国电信为客户提供包括移动通信、宽带互联网接入、信息化应用及固定电话等产品在内的综合信息解决方案（图 2-7）。

图 2-7

中国电信在国内的 31 个省（自治区、直辖市）以及欧美、亚太等区域的主要国家和地区均设有分支机构，拥有全球规模最大的宽带互联网络和技术领先的移动通信网络，具备为全球客户提供跨地域、全业务的综合信息服务能力和客户服务渠道体系。中国电信旗下拥有"天翼领航""天翼 e 家""天翼飞 Young"等著名客户品牌，以及"号码百事通""翼支付"等多个知名产品品牌。中国电信拥有庞大的客户资源，截至 2014 年年底，宽带互联网接入用户规模 1.21 亿户，移动用户规模 1.86 亿户，固定电话用户规模约 1.49 亿户。

2013 年 12 月中国电信获得工业和信息化部颁发的 4G 运营牌照，开启了 4G 运营的新时代，2014 年 2 月在全国百余城市实现 4G 业务运营。中国电信将积极推进 4G 网络建设，通过混合组网搭建无缝高速移动网络，并统筹做好 4G、3G 和宽带业务的协同发展，打造全场景网络优势，加快 4G 商用的步伐，为用户提供更快更好的天翼 4G 服务体验，与广大用户一道畅享美好信息新生活。

（以上简介节选自中国电信公司官方网站，有删节。）

A）中国电信的子品牌

和其他两家运营商一样，中国电信同样拥有自己的子品牌——天翼（图 2-8）。

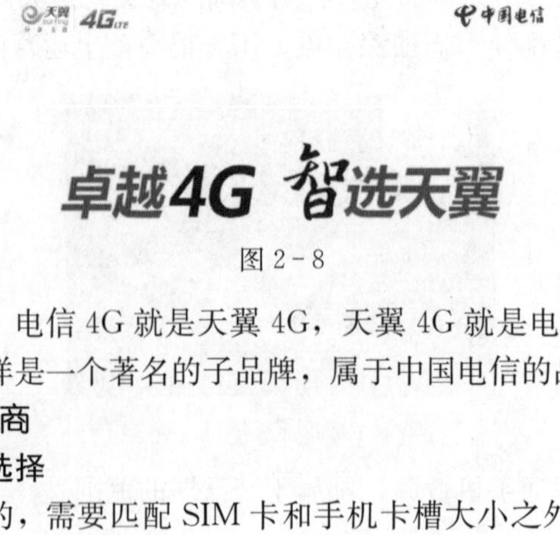

卓越4G 智选天翼

图 2-8

和之前描述的一样，电信 4G 就是天翼 4G，天翼 4G 就是电信 4G。天翼几乎成了中国电信的代名词，它同样是一个著名的子品牌，属于中国电信的品牌宣传策略的一部分。

2.1.1.3 选择网络运营商

（1）根据网络制式选择

除了前文中所讲述的，需要匹配 SIM 卡和手机卡槽大小之外，更重要的一点是需要匹配手机的制式和相应的网络。

从 3G 网络的开始，中国最主要的 3 家网络运营商中国移动、中国联通、中国电信分别采用了不同的网络技术，使得早期的时候，很多手机都只能良好的支持其中的一种制式，也就是有的手机比较适合用移动的网络，有的手机则比较适合用联通或者电信的网络，这样的情况导致了用户需要根据自己的手机所能支持的网络来选择不同运营商的 SIM 卡。现在市面发售的同一款手机，也可能同时存在支持不同网络的 3 种版本。

针对这种现状，用户需要以所选运营商的网络为基准购买相应的手机，或者根据手机支持的网络不同，选择相应的网络运营商。如果先选好了网络运营商，购买手机时一定要询问清楚，说明自己使用的 SIM 卡的网络制式和规格（如告知使用的是联通 4G 的手机卡）以购买匹配的手机；如果已经有了手机，也建议尽量选择网络匹配的运营商，以发挥手机的最大网络能力。具体的网络制式区别，已经在第一章的内容中介绍过，此处不再赘述。

总的来说，目前中国 3 家大型网络运营商——中国移动、中国联通和中国电信都是国家级的运营商，网络建设各有所长，在不同的地区用户应针对自己的偏好和所在地区的网络铺设情况来进行选择。

如果想要手机上网的话，现在 4G 网络已经普及并且资费趋于合理，建议不考虑比较老的 3G 上网业务，无论选择联通、移动或者电信，都有优秀的 4G 网络为您服务，这点不需要担心。

（2）根据套餐优惠选择

运营商会推出很多的优惠套餐，我们可以根据这些优惠的项目选择适合自己的网络运营商。

以"亲情计划"优惠套餐为例，在亲友们都使用同一运营商 SIM 卡的情况下，可以最大限度地减少彼此通话的费用。网络运营商推出这种优惠的目的是希望通过亲友的影响，让更多的用户选择自己的业务。充分了解并利用这些优惠措施，可以使自己和亲友获得很大的实惠（图 2-9）。

图 2-9

假定某地有一个中国移动的"亲情计划"，每个月需要缴纳功能费 5 元，开通该项业务之后可以免费和 5 个特定的中国移动号码通电话，而用户的亲友恰好都使用中国移动电话卡，那么只要用户开通这项套餐，并将亲情号码设定为亲友们的电话号码，每个月一共只需 5 块钱就可以实现亲友之间的免费通话了。这样的服务在不同地区有不同的资费标准或优惠方案，大体的省钱功能却是相同的。

所以如果办理新的电话号码，可以考虑根据家人朋友的手机号码属于运营商，或者比较当地运营商的优惠政策再选择。这是一种很容易被忽略，却能很省钱的手机号码选择技巧。

如上图中所示，如果用户一家人使用的都是移动的号码，在开通了这项服务之后，全家人之间互相通话，话费仅为每分钟 1 分钱，而收费却只有每个月 5 块钱而已。这就是一种相当划算的办理新号码和业务套餐的选择。

2.1.1.4 合理选择资费和套餐

众所周知，现在的电话费收取，不是使用统一的资费标准，而是以套餐的形式，为每位用户提供不同的优惠。所谓的套餐，就像餐馆里提供的套餐一样，包含了设定好的定量的服务，它实际上是一种服务的组合。

针对这样的现状，需要大量上网的人可以选择上网便宜且流量多但话费较贵或通话时长较短的套餐；而需要大量通话的人就可以选择通话费用便宜但是上网较贵或者流量较少的套餐。

套餐的种类固然多样，却难免无法覆盖中国这么大量用户群的所有可能。所以很有可能无法找到一款完美适合自己的套餐——现有的套餐通话时间不是太短就是太长，而用户的需求正好卡在中间。针对这种情况，网络运营商又推出了自由选择的套餐类型，极大提高了套餐选择的灵活性。推荐选择这样的套餐，便于更加接近适合且不浪费的目标。

不管是自由选择套餐，还是运营商制定好的套餐，选择的方法都是一样的。下面，以北京市联通官方网站的自由组合套餐资费图表为例（图 2-10），介绍一下套餐的选择方法和策略。

举一个例子：假如用户一个月打 8 个多小时的电话，发 200 条左右的短信，上网流量在 260M 左右，那么从上图中，可以找到比较适合的 16 元的 300M 流量套餐和 56 元的 500 分钟通话套餐以及 10 元的 200 条短信套餐，这样就选好了最合适的资费套餐组合。选择套餐的要点就是适合，在事先计算好自己每月的用量之后，从可以选择的各项套餐中，选出和自己用量最接近的一个。

这里面很重要的一点就是流量套餐一定要选足够，因为超额部分的数据流量的资费价格很高，如果选择了一个流量比较少的套餐，一旦超出用量，需要额外缴纳的流量费会很贵。不过也不用贪多，不然也会造成不必要的浪费。在正常使用的前几个月里，细心查询自己每个月的用量，如果有不足或者剩余过多的情况，再去营业厅更改自己的套餐，使得话费降到最低。

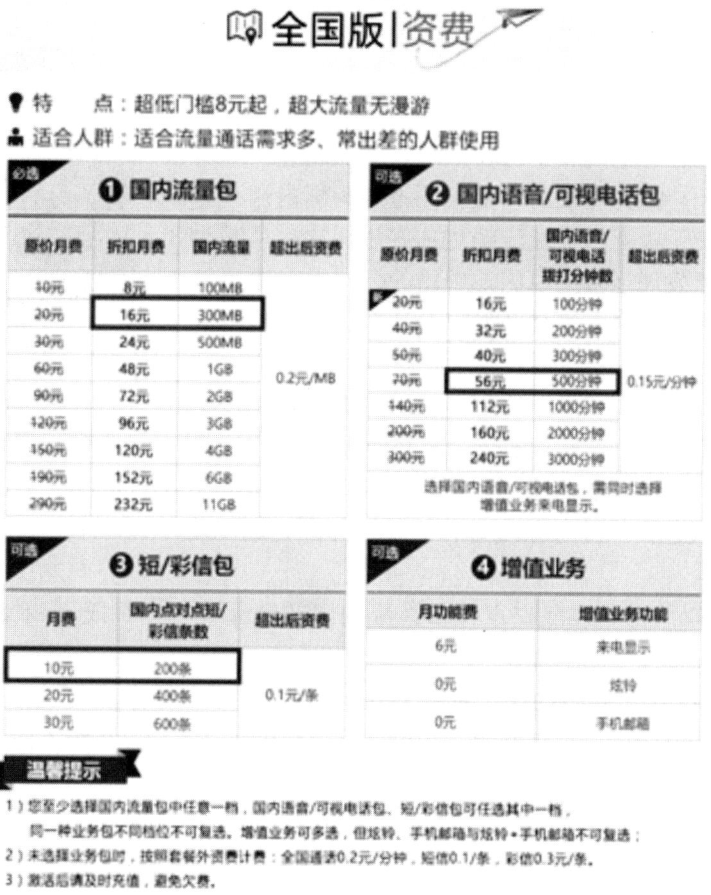

全国版|资费

特　　点：超低门槛8元起，超大流量无漫游

适合人群：适合流量通话需求多、常出差的人群使用

必选 ❶ 国内流量包

原价月费	折扣月费	国内流量	超出后资费
10元	8元	100MB	0.2元/MB
20元	16元	300MB	
30元	24元	500MB	
60元	48元	1GB	
90元	72元	2GB	
120元	96元	3GB	
150元	120元	4GB	
190元	152元	6GB	
290元	232元	11GB	

可选 ❷ 国内语音/可视电话包

原价月费	折扣月费	国内语音/可视电话拨打分钟数	超出后资费
20元	16元	100分钟	0.15元/分钟
40元	32元	200分钟	
50元	40元	300分钟	
70元	56元	500分钟	
140元	112元	1000分钟	
200元	160元	2000分钟	
300元	240元	3000分钟	

选择国内语音/可视电话包，需同时选择增值业务来电显示。

可选 ❸ 短/彩信包

月费	国内点对点短/彩信条数	超出后资费
10元	200条	0.1元/条
20元	400条	
30元	600条	

可选 ❹ 增值业务

月功能费	增值业务功能
6元	来电显示
0元	炫铃
0元	手机邮箱

温馨提示

1）您至少选择国内流量包中任意一档，国内语音/可视电话包、短/彩信包可任选其中一档。同一种业务包不同档位不可复选。增值业务可多选，但炫铃、手机邮箱与炫铃+手机邮箱不可复选；

2）未选择业务包时，按照套餐外资费计费：全国通话0.2元/分钟，短信0.1/条，彩信0.3元/条。

3）激活后请及时充值，避免欠费。

图 2-10

2.1.2　手机操作系统

2.1.2.1　什么是手机操作系统?

手机操作系统是管理手机硬件与软件资源的手机程序，它负责管理与配置内存、决定系统资源供需的优先次序、控制输入与输出设备、操作网络与管理文件系统等基本事务。操作系统也提供一个让用户与系统交互的操作界面。

如果把手机比作一个人，手机的硬件就是一个人的身体，手机的操作系统就是一个人的精神和灵魂。一个优秀的操作系统可以合理调配各部件的配合运行，充分发挥手机硬件的能力，带给用户流畅和顺心的体验。

2.1.2.2　Android（安卓手机操作系统）

Android（中文名称是安卓）是一个基于 Linux（一种开源的操作系统）内核的开放移动操作系统，由谷歌公司成立的开放手持设备联盟主持领导与开发，主要用于触屏移动设备如智能手机和平板电脑，是目前世界上用户最多的手机操作系统（图 2－11）。

现在常见的小米、联想、华为等品牌的手机上采用的，都是安卓操作系统。安卓操作系统目前是世界上用户最多的手机操作系统。

图 2-11

安卓是一个开放的手机系统，从手机厂商的角度来看，可以充分了解并任意更改安卓操作系统，从而删掉一些多余或不符合中国用户操作习惯的功能，并添加为国内用户量身定做的功能，使手机变得更加流畅更加好用，这也就是为什么国产安卓手机发展迅猛的原因，中国的公司显然更了解国人的喜好和习惯，也更有机会开发出最适合国人使用的安卓操作系统。

另一方面，从软件开发者的角度看，谷歌公司和安卓系统允许任何人为安卓手机开发软件，使得安卓系统下的软件数量远超其他操作系统。这样的特点使得安卓系统几乎无所不能，所有用户能想到的功能都能找到相应的软件将其实现。同时由于安卓的开放和自由，用户可以从各式各样的应用商店下载软件并完成安装，很大程度上提高了手机的易用性。

对广大用户而言，装载安卓操作系统的国产智能手机，是既实用又实惠的选择。

2.1.2.3　iOS（苹果手机操作系统）

iOS 是苹果手机上运行的操作系统，不过它和安卓手机操作系统不太一样，苹果公司并不将它授权给其他的手机生产商。和每个厂商都可以采用安卓系统不同，只有苹果手机才能运行并使用 iOS 操作系统，换句话讲，使用 iOS 的唯一途径就是够买一部苹果手机（图 2-12）。

图 2-12

有些人认为，苹果手机是现今最好的手机，主要是因为他们喜欢 iOS 操作系统。封闭不开放，是 iOS 系统的鲜明特点。通过对 iOS 的牢牢掌控，苹果公司实现了成功的品牌战略。保证了每一部苹果手机都要运行苹果公司指定的软件。同时苹果又建立起了一整套的审查和奖励系统，每一款 iOS 上运行的软件都必须接受苹果公司的测试和管理，并和苹果公司分享软件收益。

但是由于 iOS 的封闭性，用户在使用过程中也会遭遇很多不便，例如，苹果手机上的软件，只能从苹果的网站上下载安装，不能从别的地方下载安装，苹果手机里的资料，在连接电脑之后只能通过特定的软件才可以读取，手机的界面和主题也不易自由更换。种种不便都是苹果公司对操作系统过度的控制所导致的。面对苹果手机，用户很难按照自己的操作习惯和喜好对手机操作系统进行优化或改造，这也是制约苹果发展的重要因素。

苹果公司 iOS 上的应用控制严格，这点是苹果操作系统 iOS 乃至苹果手机长久以来所特有的巨大优势。不过和畸高的价格相比，这优势就不明显了。

2.1.2.4 Windows Mobile（微软手机操作系统）

除了安卓系统和 iOS 系统，市面上还有一些其他的操作系统，不过他们的用户数量和前两者比较起来，实在过少。这些系统当然也很优秀，也有着很多搭载这些系统的优秀的手机产品，然而因为用户过少带来了软件数量不足等一系列的问题。选择操作系统还是要多考虑自己的使用习惯和价格。

在安卓和 iOS 之后，市场占有率最高的就是微软的 Windows Mobile 系统了，虽然这个系统的市场占有率实在是太小了（图 2 - 13）。

Windows Mobile 操作系统是一个优秀的操作系统，它在某些理念上融合了苹果的 iOS 和安卓。例如，这个操作系统和 iOS 一样，严格控制着软件的来源，用户只能通过微软的网

图 2 - 13

站下载安装，同时，早期的时候只要是愿意付费合作的厂商，微软公司就允许他们使用 Windows Mobile 的操作系统（后来逐渐降低了授权费用甚至免费）。这是吸取了两个操作系统的优点。然而整合了两者优点的 Windows Mobile 非但没有迎来自己的成功，反而举步维艰，而从前称霸全球的诺基亚手机公司因为执意采用 Windows Mobile 操作系统而不是安卓，最后迎来了彻底的失败，公司也不得已而变卖。

这个系统的失败，也是有原因的，大体可以归咎于以下两个特点。首先，它严格控制了软件的来源，这种方式的确曾经给苹果带来了巨大的成功和丰厚的收益，但却无法简单复制。Windows Mobile 出现的时候，苹果的 iOS 的市场已经很成功了，也已经有很多公司因为给 iOS 开发软件而赚了很多钱。这个时候，很难让他们再选择另一个新的未知系统从头做起。

打个比方来理解 iOS 或安卓的开发者不愿意转移过来给这个系统开发软件的问题。例如，一个种植山药和辣椒的农民，辛辛苦苦干了几年，事业走上了正轨，每年山药和辣椒收成都很好，拿到市场上也都供不应求，总能卖个好价钱。这个时候忽然有个公司找上门，企图说服他改种另一种植物，至于能不能丰收或者能不能卖上好价钱都无法确定。这个人会做出改变吗？正是因为这种不确定的观望心理，使得没有几个有影响力的软件公司愿意放弃之前的 iOS 和安卓平台，而迁移到这个系统。

而这个关键的时刻下，微软没能拿出足够的奖励来吸引开发者，错过了系统刚推出时

用户可能接受的新鲜期。这个操作系统于是陷入了恶性循环：用户拒绝选择这个系统上是因为可用的软件过少，而软件少是由于为这个系统开发软件的公司少，而为什么没有公司来开发软件呢？因为用户数量少，软件厂商没有利益可图。一旦陷入了这样的恶性循环，很难脱离出来。

另一个方面，微软在早期的时候虽然允许其他厂商使用自己的操作系统，但是使用的前提是要收取一定的费用。这样在新系统的推广上更缺少了足够的动力，它的失败也就可想而知了。

2.1.3 手机的硬件指标及功能

2.1.3.1 显示屏

显示屏是手机的关键硬件之一，承担着输出图像的任务。

从液晶面板来分类，现在主流手机的屏幕可以分为 TN、IPS 和 AMOLED3 种。其中 TN 屏幕因为可视角度过小的问题（也就是正对着屏幕的时候看得清，斜对着屏幕就可能看不清），已经基本淡出了当今的手机世界。现在 IPS 屏幕已经成为了手机行业里的主流，也基本成了现在高中低档手机的标配，这项技术可能就是为了弥补 TN 屏的缺陷而生的，因为这种屏幕的最大特点就是可视角度足够大（图 2-14）。

AMOLED 是有机自发光二极管显示技术的英文名称，传统的屏幕技术（TN 和 IPS）在显示时，屏幕本身不发光，它主要靠屏幕背后的持续发光的发光阵列发出光亮，只不过，随着屏幕的变化，背后的白光（通常是白光）穿过屏幕的时候，变成我们想要的颜色。这样的缺点就是，不论显示什么，屏幕背后都要持续的发光，但如果我们需要屏幕显示黑色的时候，它还在发光，这样就造成了浪费。AMOLED 技术，就很好地弥补了这一点，AMOLED 屏幕可以自发光，如果需要显示黑色的内容，不发光就好了，这样就在一定程度上节省了电能（图 2-15）。

图 2-14

图 2-15

AMOLED 技术主要有颜色鲜艳和省电的两大特点，三星是采用这项技术的最主要的手机厂商。

然而手机屏幕发展到了今天，无论是 IPS 还是 AMOLED 技术，都已经足够满足用户的日常使用需求了。选择屏幕最应该看中的两个指标，应该是屏幕尺寸和屏幕分辨率。

（1）屏幕尺寸

首先说屏幕尺寸，手机的尺寸越大，用户看起来就越容易，然而手机屏幕过大，就会携带不便。因此建议在购买手机之前，最好亲自看看真机的大小是否合适，避免出现类似于因为单纯喜欢大屏幕而造成手机无法放进手包或者衣袋中的尴尬。

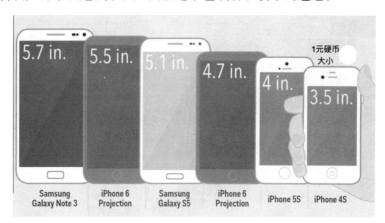

图 2 - 16

图 2 - 16 可以看出来，3.5 寸的苹果 iphone4S 小巧好拿，屏幕自然较小，看得不够真切，5.7 寸的三星 Note3 就屏幕很大，但是不容易单手把握，所以究竟是要拿着方便还是要看得清楚，您需要自己想明白。

（2）屏幕分辨率

屏幕显示的画面是由一个个像素点组合而成。如图 2 - 17 所示，随着像素点越来越多，画面的显示也就越来越精细。

等到像素点多到一定程度的时候，人眼就无法分清一个个像素点，转而产生了完整连续画面的感觉，这就是屏幕显示画面的原理。在放大镜对准屏幕观察时，还是会发现一个个的像素点（图 2 - 18）。

图 2 - 17

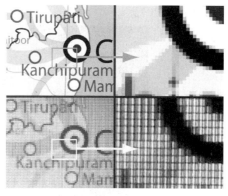

图 2 - 18

图 2 - 19 是一张显示常见屏幕分辨率比例和大小的图。

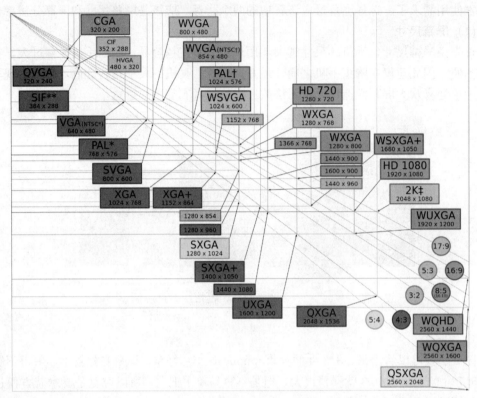

图 2 - 19

　　购买手机的时候，一般而言屏幕的分辨率越大越好。市面最上常见的数值为 720P（大小为，称作 HD，也即高清屏）、1080P（大小为，称作 FHD，也即全高清屏）。有些商家或者手机厂商，喜欢用图中代表分辨率的英文单词来表示，有了这张图就可以知道这些英文单词所代表的屏幕尺寸了。

2.1.3.2　处理器芯片

　　在看手机广告的时候，最常听到的词汇就是双核、四核甚至八核，以及频率、主频这样的词（图 2 - 20）。

图 2 - 20

众所周知，手机里一定会有一块处理器芯片，第一章我们已经介绍过。它负责控制整个手机的运行，主要功能就是计算。所谓的处理器频率就是处理器每秒钟计算的次数，显然这个数字越高越好，代表着处理器计算能力更强。而核心数量，粗略地讲就是处理器可以同时计算不同任务的数量，也是越多越好，虽然这种说法不够严谨，但能比较好地说明这个问题。

只声称多核高频率的处理器，也不一定是最好的，如果用搬砖来比喻，假定有一摞砖需要搬走，处理器的核心数量可以理解成工作的人数，四核就表示有 4 个人同时干活，频率高低的区别就类似于 10 分钟搬 5 趟和 10 分钟搬 20 趟的区别。所以处理器的核心数量越多频率越高，相当于干活的人数更多又更勤快，这是不是一定意味着工作速度更快？答案是否定的，这些参数里没有提及劳动者的能力。如果一边是 4 个人搬两趟，但这 4 个人是 4 个孩子，每次只能拿一个，两趟才搬了 8 块；另一边只有一个成年人干活，又很磨蹭，4 个小孩搬了 2 趟，他只走了一趟，可是这个人身强力壮，一次能拿 20 块砖，结果反而是成年人完成工作的时间更短。

以上这些就是某些商家宣传时玩的文字游戏，只强调核心数量和频率高低，却不提及处理器实际的能力大小，从而将手机包装出更好的性能。鉴定处理器实际能力的要求比较高，需要很多处理器的知识来完成，使得这样的宣传手段无法被简单识破。

推荐购买手机的一种策略，尽量买新推出的手机，而尽量不要考虑几年前的产品，另外一点，选择已经经过很多用户检验过的、口碑已经足够好的手机。例如，亲朋好友用的手机不错，或者网上查到的销量高、评价好的手机，都可以纳入选择的范围。用户实际使用中的检验，远比广告里的台词更有说服力。

购买手机之前建议咨询比较了解电子设备的亲朋好友，不过现在手机行业整体水准较高，大品牌的手机还是比较有保证。

2.1.3.3　内存

内存，又称运存（图 2 - 21），也即运行内存，从字面上就能大概理解其功能。它是处理器进行计算时，程序里数据的运行空间，所以较小的内存会限制处理器的计算能力，因而可以简单地讲：内存越大越好。在其他条件都一样的情况下，内存越大，手机变卡的

图 2 - 21

可能性就越小。目前国产主流手机的内存大小都在 2G 或 2G 以上，仅从实用性来讲 1G 其实已经可以满足日常需求，如果几百块钱买到 1G 内存的手机，节省下来的开支也是值得的。不过同等价位下能够找到很多采用了 2G 内存的优秀机型，推荐在可选的范围内尽量选择内存更大的机型。

2.1.3.4 存储空间

顾名思义，存储空间（图 2-22），就是指手机存放数据的空间的大小，存储空间越大，可以存的东西就越多。常见的大小为 16G、32G、64G，这 3 档基本就满足了绝大多数人的需求；也有超大的 128G，不过为了获得这么庞大的空间需要额外支付很多钱并不值得；也还有 8G、4G 大小的空间，这些不建议选用，除非手机的日常使用场景仅仅是打电话、发短信、只运行少量的软件，否则如此小的存储空间很容易捉襟见肘。现在国产手机的存储空间基本上从 16G 起步，应对常用应用场景已经足够了，但如果想要用手机玩大型游戏或者下载电影观看的话，还是建议选择一个存储空间大一些的，如 32G 或以上。

图 2-22

2.1.3.5 储存卡

上面说的储存空间都是手机里内置的，还有一些手机留有储存卡卡槽，可以插入外置的储存卡。这种卡称作 Micro-SD 卡（图 2-23），市面上有售。

图 2-23

相比于手机里自带的存储空间，外置储存卡的价格会相对低很多。事实上，现在的很多手机厂商都在依靠同一型号手机的不同存储空间版本的差价来赚钱。对于型号相同而仅仅存储空间不同的手机，16G 和 32G 两个版本的差价通常在 300 元左右，甚至更多；而如果转而使用 16G 大小的外置的 Micro-SD 卡，价格可以降低至 30 元，足见这里的利润之多。所以对于需要较大空间的用户来说，尽量选择支持外部存储卡的手机，从而通过购买相对廉价的 Micro-SD 卡的方式来满足存储大量音乐和电影的需求。

2.1.3.6 双卡双待

顾名思义，双卡双待意味着一部手机里可以装下两张电话卡，并且同时接收到两张手机卡的信号。也就是说，在一部手机上，可以选择用不同的号码打电话或者上网。在功能上相当于同时带两个手机，却省了一部手机的体积和重量，使用上也方便了许多。花一部手机的钱干两部手机的事，非常划算。

这项功能，在异地漫游话费异常高昂的前些年，对于某些特定人群是一种特别有吸引力的省钱途径。那时候，离开了手机号码的归属地，话费会变得特别贵。例如，用户如果在北京办理了一个号码，人在北京的时候，话费价格尚可处于一般的水平，但如果带着手机离开了北京，通话话费就会高得让人很难承受的地步。

所以那个时候，双卡双待对经常出差的商务人士来说，基本是必选的功能。对于一个工作地点在北京和广州两个城市之间切换的生意人，如果他的手机支持双卡双待，就可以在手机里同时装载一张北京的手机卡和一张广州的手机卡，这样他在北京的时候使用北京的号码，在广州的时候使用广州的号码，于是就避免了长途漫游话费的产生。

不过这种用法和功能的需求，在漫游和长途话费慢慢降低甚至废除的过程中，逐渐失去了当初重要的意义。然而后来这种用法又有了新的生机，继续利用双卡双待的功能来节省话费。众所周知，套餐的类型多种多样，有的套餐以通话为主，话费很便宜；有的套餐以上网为主，流量多。这两个方面的优惠基本上不可兼得，所以有一些聪明人就产生了这样的想法：在双卡双待的手机里插两张卡，一张话费便宜负责打电话，另一张流量多就用来上网。这也是一种非常聪明的少花钱多办事的妙招。

当然，也可以使用两个号码，一个用于办公，一个用于日常生活，两个号码分别和不同的人通信，就可以做到工作生活互不打扰。这也是一种利用双卡双待功能提高生活质量的方式。

图 2-24 中所示的手机就是一部支持双卡双待的手机。

图 2-24

2.1.3.7 定制机

定制机是网络运营商（移动、联通或电信）和手机厂商合作，推出的特殊手机。通常，定制机只能使用特定的网络运营商的手机卡，而插了其他网络运营商的手机卡的时候则不能正常使用，另外手机里也会安装很多和运营商有关的或者是和运营商有合作关系的公司的软件，同时定制机在外表上也会有相应的运营商标志（图2-25）。

图2-25

例如，联通的定制机将限制用户只能使用联通的手机卡，而不能使用其他网络运营商的手机卡（如移动和电信）。当然，带来这些不便的同时，相应的定制机的价格会便宜很多，这是网络运营商用优惠来吸引客户的手段。如果用户原本就打算在选择一家网络运营商的网络服务之后一直使用而不更换，那为什么不选择功能一样又可以省下很多钱的定制机呢。

和双卡双待功能一样，定制机也是之前通话网络时代的产物。在手机没有进入大规模上网应用的前几年，中国的移动和联通两家网络运营商，都使用相同的通信制式，那时候同一部手机插移动和联通的卡都能正常使用，于是争取用户同时限制对方就成了运营商常用的一种手段，定制机也就应运而生。然而在我国手机网络进入3G、4G的时代之后，因为网络运营商采用的网络技术的不同，同一部手机，可能本来就只支持其中一家运营商的网络（如只能使用电信的电话卡），这样的现状，使得定制机慢慢地失去了曾经的地位和作用。但是作为一种营销手段和网络运营商对服务和自身网络品牌的宣传，仍然被运营商广泛使用着。

2.1.3.8 全网通

全网通是一个符合中国通信网络特点的技术产物，前面已经说过，目前中国3家网络运营商采用的3G和4G技术是不同的，一部手机可能只适合（或者最适合）一家运营商的网络。这就造成了一个问题，如果用户一直在使用移动的手机号，有一天想要换成电信的手机号，可是这个时候发现自己现在的手机只能支持移动的网络，没法接收电信的信号。这就意味着，如果一定要换成电信的手机号码的话，就必须更换一部适合电信网络的手机。更换手机的成本就成了更换网络服务的阻力，同时也是一种资源的浪费。

这个时候，全网通手机就体现出了它的价值。顾名思义，全网通手机，就是既能支持移动的网络，又能支持联通、电信的网络的手机，手机用户不用费心力去考虑自己应该选择哪个运营商，也不用额外考虑更换网络运营商的同时更换手机的问题，这就是全网通手机的意义。如果有更换网络运营商的需求或者认为自己将来存在这种可能，那么就可以选择全网通手机，反之，如果没有这种需求，那就没有必要选择全网通手机。因为，这项功能的优点，在价格上体现了出来，全网通的手机一般都比同一型号的单一网络的普通手机贵上许多。

2.1.4　手机价格定位

2.1.4.1　高端手机

(1) 奢侈品

提到手机中的奢侈品牌，第一个被想到的往往是 Vertu（图 2 - 26）。

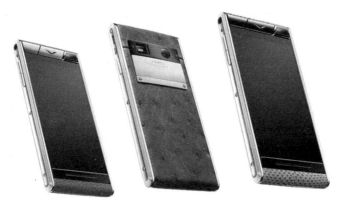

图 2 - 26

Vertu 原是诺基亚旗下的一个子品牌，主打奢侈华贵。与其他手机厂商采用的流水线作业方式不同，每一部 Vertu 手机都是由一名工人完成所有的组装过程的，用户甚至还可以指定某位工人来为其制作手机。Vertu 手机所使用的材料也同样不凡，小到一颗螺丝，都会采用最好的金属材质，更别提手机表面的黄金、钻石、珍贵皮革这样的昂贵材料了。

所以，如果看到了 Vertu 手机高达十几万甚至更多的售价，千万别觉得吃惊。

(2) 专业用途

高端手机里还有一类专业手机，它们往往用于极端环境和用途。例如，南极科考，攀登珠峰的运动员，沙漠探险者等。这样的手机同样具有一些极致的特性，在零下几十度的情况下也能正常使用，如手机摔不坏、屏幕不怕利器摩擦，手机在水里泡上几天也不会坏，而通常市面上卖的普通三防手机都不能在水里停留太长时间（图 2 - 27）。

这样的手机，专注于极致的特殊性能，因而往往需要一些极致的材料，这就造成了售价的高昂，不过这些都是值得的，毕竟在极端的环境下，有一部可以使用的手机就已经是最大的满足。登山的时候迷路了，又发现身上的普通手机已经摔坏了，这个时候用户会想要拥有这种特种手机的。

2.1.4.2　高性能手机

这里说的高性能手机（图 2 - 28），是带有

图 2 - 27

主观性的一种概念性的划分，没有严格的界限。价格空间粗略地定为 1 500～5 000 元，价格为 1 999 元的小米手机和 5 000 多元的苹果手机就位于这个分类中。

这个级别的机型无论在各个手机厂商的广告里还是实际重视的程度上，都是最重要的产品。在这个价位上，手机厂商们不需要担心手机的成本，可以大展拳脚，做出设计师和工程师心目中最好的产品，虽然不一定都采用最好的材料，但至少已经不需要通过采用降低使用体验的零件和材料来控制成本。因为这个价位处于"不差钱"的小康水平。所以这些手机上，各种新功能新的材料或者新的设计与创意，都开始体现。

图 2 - 28

世界上著名的手机生产商们都在这个价格领域内集中发力，纷纷拿出自己的最佳表现。所以如果您的资金充裕，那么笔者推荐您选购这个价位的手机，虽然有可能远远超出日常生活中所需要的功能，价格上也贵了许多。

2.1.4.3 实用型手机

除了以上两类价格不菲的手机，下面就剩下了 1 000 元以下的段位。这个价位的手机，一般是实用为主，没有那么多花哨的功能，当然也有可能是两年前风光无限的旗舰机型（也就是手机厂商的拳头产品）不断降价而来。如果对手机的需求不高，那么大可在这个价位挑选一款心仪的国产手机，国产手机在这个价位上的产品要远远优于国外的产品。

对于一个不过分追求极致的性能实用主义者，推荐选择这个价位的国产手机。对比来看，1 000 元的国产手机就可以媲美 2 000～3 000 元的外国手机，无论从手机的硬件配置还是操作系统对国内用户的理解和针对性的优化上看，这个价位的国产手机都丝毫不落下风。在省钱的前提下还能获得良好的手机应用体验。

2.2 手机基本功能

以一部运行了版本号为 4.4.2 的安卓手机为例，讲述一些手机上基本应用的操作方法。

2.2.1 打电话

2.2.1.1 拨打已知号码

首先，找到如图 2 - 29 所示的电话图标，单击进入电话这个程序：

进入程序之后，如图 2 - 30 所示。

图 2 - 29

图 2 - 30

使用图 2 - 31 中的号码盘即可填写您将要拨打的电话号码。在确认号码填写正确后，点击图 2 - 31 中的话筒形状的按键，即可完成拨打。

2.2.1.2　接听电话

如图 2 - 32 所示，当对方打来电话时，通话的界面会自动出现。

被框起来的部分，有两个话筒图标。其中，将圆形图标按照箭头指示向下滑动，为接听；向上滑动，为拒绝接听；向右滑动则为拒接并发送短信告知原因。

（图 2 - 32 中为了保护当事人隐私，隐去了号码和照片。）

图 2 - 31

图 2 - 32

2.2.1.3 保存电话

依然使用刚才的例子，保存电话和拨打电话的初始步骤都是一样的，只是在输入电话号码之后，不点击拨号键（图2-33）。

我们已经注意到其中有新建联系人和更新到已有联系人两个按钮。我们按照字面的意思就可以理解，新建联系人意味着我们之前没有存过这个人的号码；相对的更新到已有联系人则意味着我们之前已经保存过这个人的手机号，只是现在他换号了，或者是他又买了一部手机，现在要保存他的第二个号码。

两个过程都是相似的，下面我们以新建联系人为例，进行说明。

图2-33中，选择点击新建联系人后，会出现如图2-34一样的画面，这时候，编辑联系人的姓名，然后点击右下角的保存键，联系人就存下来了。

图2-33

图2-34

2.2.1.4 拨打通讯录电话或发送短信

在手机界面里选择联系人图标，点击进入联系人界面（图2-35）。

然后在联系人列表里上下滑动，直到找到联系人张三为止（图2-36）。或者在右侧字母栏点击联系人姓氏拼音的首字母，能够更快速地找到联系人。

然后，点击联系人姓名，进入如图2-37所示的界面。我们在图中框住的部分可以看到话筒和消息气泡样式的按钮，其中点击话筒状的图标即可拨打电话，点击消息气泡样式的按钮即可给他发送短信。

图2-35

图 2-36

图 2-37

2.2.2　发短信

上面已经说过给特定联系人发送短信的方法，下面我们将这一步骤叙述完整。

在上一小节所述的发送短信方法中，点选消息气泡样式的按钮之后，会出现如图 2-38 所示。这样我们就在红框圈住的文本框中输入想要发送的内容，然后点击右侧红框所示的纸飞机样式的按钮，短信就发送成功了。

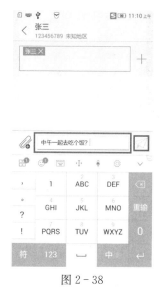

图 2-38

2.2.3　上网

2.2.3.1　4G上网

在上网前，先确保您的手机号码开通了上网的功能，同时上网的流量足够。

如图 2-39 所示，我们在手机的下拉菜单（就是从屏幕最上边的边缘手指向下滑动，拉下来的菜单）里，点选图2-39所示的数据连接（有些其他的手机里会直接显示为4G），等待图标从灰色（表示网络关闭）变成彩色（表示网络开启）。

在这之后，手机就连接上了网络，您也就可以在网上冲浪了。

2.2.3.2 WiFi 上网

WiFi 即无线网络，通常家里的 WiFi 都是通过无线路由器把有线的宽带网转换为无线网而成的。当手机连接 WiFi 时，同样进入下拉菜单，长按图 2-40 中的 WLAN（含义为无线局域网）图标，进入 WiFi 设置界面。

又或者，我们先找到手机里的系统设置图标（如图 2-41所示）。

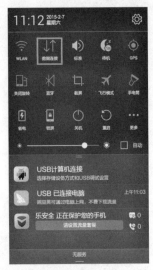

图 2-39

图 2-40

图 2-41

点击进入后，找到 WLAN 按钮（图 2-42）。

再点击 WLAN 按钮，同样可以进入到 WiFi 的设置界面。

经过了刚才的步骤，我们如愿进入了 WiFi 的设置界面（图 2-43）。

现在，我们试图连接这个名为 Unstable 的 WiFi，当然，前提是我们已经知道了这个路由器的密码。

首先，我们点击这个名字，它实际上是一个按钮。这时候，路由器会要求我们输入密码，当我们把密码正确输入后，点击连接按钮（图 2-44），就成功连上了 WiFi。于是，我们又可以去网上冲浪了，还不用在意流量的问题。

图 2 - 42

图 2 - 43

图 2 - 44

图 2 - 45

2.2.3.3 开启手机热点

　　手机热点是一个很有用的功能，通过开启手机热点，可以将手机的上网流量以 WiFi 的形式分享给其他设备使用。通过这个功能，流量多的用户可以将自己的流量分享给其他用户使用，同一个用户也可以将手机的流量分享给自己的其他设备，供其上网（图 2 - 45）。

　　开启手机热点之前确认手机的流量是充足的，否则可能产生超额的流量费用。下面介绍如何开启手机热点，首先要找到系统设置图标（图 2 - 46），点击进入手机热点的功能，

图 2 - 46

通常不会单独分列出来，一般会放到名为"更多"的设置页里，我们找到它并点击进入。

在"更多"的设置页里找到"个人热点"的设置页，并点击进入（图 2-47）。

这时候，只要点开右上角的开关，个人热点就打开了（图 2-48）。

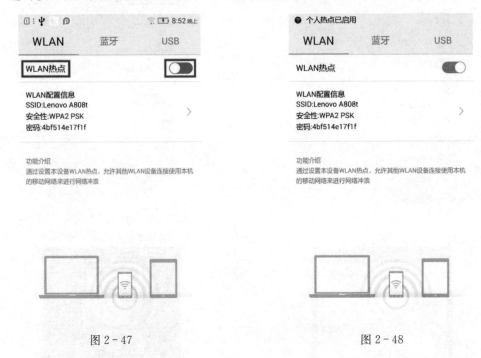

图 2-47   图 2-48

于是我们就开启了一个个人热点，如图 2-48 所示，其他的设备可以通过密码连接（如图 2-48 是连接一个密码为 4bf514e17f1f 的名为 Lenovo A808t 的 WiFi），来共同使用这部手机的数据流量了。

2.2.3.4　注意事项

在手机 4G 上网时代，上网消耗流量的速度是惊人的，即使办理了数量不小的上网流量套餐，也很可能会一不小心超出额度，而超出部分的资费价格往往特别贵，正因如此，流量控制变得尤为重要。

首先，我们应该办理合适的套餐，在套餐选择可上可下的时候，尽量选择多一点的流量。现在网络运营商的政策对流量的清零政策已经放宽，基本上至少可以做到本月未用完的剩余流量可以留给下月使用。多余的流量，我们总能想方设法用完，而一旦超出了预定的流量额度，多出来的流量就会变得异常昂贵，尽量不要让自己冒险。

不过月底之前流量超出套餐的时候，不要惊慌，如果手机上网的经历足够长，这种情况迟早会遇到。这个时候，你在第一时间需要做的就是，根据后面可能会用的流量值，尽快购买一个可以叠加的流量包。这样，购买之后超出部分的资费不至于高得离谱，从而降低了产生高额话费的可能（图 2-49）。

我们以联通的网络为例，超出流量每 1M 的价格为 0.3 元。如果超出了流量，并且仍然毫不知情，之后又消耗了 200M 的流量，那就产生了 60 元的话费，这已经不算是一个小数目了。而如果在超出流量的时候，我们及时购买两个图（图 2-48、图 2-49）中的

"流量加油包"，就可以省下 40 元，当然我们还是多花了 20 块钱。所以说，控制流量有多么重要。

在刚开始上网的几个月，一定要小心翼翼的使用，因为这个阶段的人对上网的新鲜度最高，容易看到什么都想要下载尝试，流量飞快流失而自己又浑然不觉，最后导致被话费的消耗吓了一大跳甚至欠费停机。这其中最应该警惕的就是上网收发邮件、看电影、听音乐或者看大量的图片，这些行为都会极大地消耗流量。

所以说，最开始手机上网的几个月里，一定要慢慢地提高流量的使用，最后探索出一个合理的用量，达到既不浪费又能满足需求的平衡。

网络运营商提供了免费的余额查询服务，通过拨打免费电话或者发送免费短信的方式，就能及时知道自己的流量剩余情况。图 2 - 50 就是使用联通的短信查询服务，只需要向联通的服务号码 10010 发送 LLCX（流量查询的拼音缩写）即可得到流量使用情况的短信回复。

图 2 - 49　　　　　　　　　　　　　　　　　　图 2 - 50

2.2.4　常用设置

这一小节的介绍，以一部运行了版本号为 4.4.2 的安卓手机为例，对于其他同样采用安卓系统的手机，设置的步骤几乎都是一样的。同时本小节中的各种设置，都要先进入手机的系统设置程序，这一步骤在之前的 WiFi 使用中已经讲过，如图 2 - 51 所示。

2.2.4.1　显示和字体调整

进入了系统设置程序之中，上下滑动界面，就可以找到显示的位置，如图 2 - 52 所示，然后点击进入。

图 2-51

图 2-52

这时候，我们看见了亮度、字体大小、旋转屏幕等设置，这 3 个设置通常是最常用的设置，我们就以他们为例，进行演示。

首先是亮度设置，点击亮度按钮之后，会进入如图 2-53 一样的设置界面。其中自动调整亮度是手机通过内置的光线传感器，识别手机所处环境的亮度，来调节手机屏幕的亮度。推荐使用这个设置，很方便。如果您对自动调节不满意的话，可以拖动下方的调节槽，以调整到想要的亮度。

另外，在比较新版本的安卓系统里，在下拉菜单中，就能快速调节屏幕亮度。如图 2-54 所示。

图 2-53

图 2-54

刚才最开始的显示设定页面里，如果我们点击字体大小按钮，我们就进入了字体的设置当中，如图 2 - 55 所示。

这个时候，我们就可以进行字体大小的设置了。

另外，我们注意到上一级的设置里，除了亮度、字体大小之外，还有旋转屏幕的选项（图 2 - 56）。

图 2 - 55

图 2 - 56

这里的屏幕旋转，利用了手机里的重力感应装置，保证画面一直是铅锤方向的，我们打开旋转屏幕，再把手机横放，就会得到图 2 - 57 的效果。屏幕画面就横过来了，怎么样，是不是很神奇？

图 2 - 57

2.2.4.2　铃声和音量

在最初的系统设置界面里，我们刚才进行的是显示的设置，下面让我们来进入声音的设置。和前面的步骤一样，先点击图2-58中的铃声和音量图标。

点击音量进入音量的设置（图2-59）。

图 2-58

图 2-59

其中来电、信息音量，调节来电铃声和短信提示声的音量，通知调节邮件等应用发出通知时候的音量，媒体调节听歌看电影打游戏等场景下的音量，而闹钟则是调节闹钟的音量大小。

每一种音量的大小都可以按照自己的想法设定成自己想要的程度。

另外声音设定里还有很多很多的选项可以设置，如通过来电铃声和信息铃声的设置可以将铃声都可以改成我们自己想要的声音（图2-60）。按照刚才所讲授的设置方法，您可以自己试着探索一下。

图 2-60

2.2.4.3　日期和时间

我们依旧是在手机的系统设置里，上下滑动，就可以看见日期和时间的设置（图2-61）。

进入日期和时间的设置，我们看到第一项是自动日期和时间（图2-62），如果我们上了网，就可以勾选这一项，手机会自动设定成网上的时间，这个时间最准。当然，如果我们没上网，也可以自己设置。

图 2 - 61　　　　　　　　　　　　　　　　图 2 - 62

首先去掉自动设置的对钩，然后依次点击下面的设置日期和设置时间就可以进行设置了（图 2 - 63）。

图 2 - 63

2.2.4.4　系统升级

手机操作系统是不完美的，手机厂商一直在尝试着向其中加入更多的新功能同时修补之前的错误，通过系统升级，用户可以提升操作系统的性能，使手机变得更好用。

系统更新时有一些注意事项：首先要保证手机里存有足够多的电量，否则如果在更新未完成的时候因为电量过低而自动关机，可能会造成手机系统的损坏。其次由于系统更新需要从网络上下载系统更新所需要的文件，在系统更新前请确保手机已经接入 WiFi 网络，或者手机 4G 流量充足，避免产生过多的流量费用。

下面介绍手机系统升级的步骤。

首先，点击系统设置的图标（图 2-64），进入系统设置选项。

然后，在页面中找到"关于手机"的选项，并点击进入（图 2-65）。

图 2-64

图 2-65

在其中找到"系统更新"的选项，点击进入（图 2-66）。

在"系统更新"页面里可以看到"发现新版本"字样（图 2-67），说明有系统更新等待安装，这时候点击屏幕下方的"立即更新"就可以开始系统更新的过程。

图 2-66

图 2-67

2.2.5　其他功能

2.2.5.1　照相机

我们首先在手机的程序界面里，找到相机的图标（图 2 - 68），点击进入。

图 2 - 68

（1）拍照

拍照是手机的常用功能，在进入相机界面之后，我们就打开了摄像头，点击红框中带有相机图案的按钮（图 2 - 69），就可以拍照了。

图 2 - 69

（2）录像

图 2 - 69 中，如果点击下方的中心带有红点的按钮就会进入录像的界面，如图 2 - 70 所示，这时候中心带有红点的按钮，会变成一个中心为红色方块和两条竖线样式的两个按钮，其中中心为红色方块的按钮表示停止录像并保存，两条竖线的按钮表示暂停录像，暂停可以人工跳过一些不想被录下的场景，提高录像的效率。

图 2-70

图 2-70 中右下角的数字提示已经开始录像的时间长度，加减号的滑杆可以上下滑动，以达到放大缩小画面的目的。

（3）使用前置摄像头自拍

现在比较流行自拍，记录自己去过的地方或者做过的事情，并且传到网上和亲朋好友分享，下面我们就介绍一下如何使用前置摄像头自拍（图 2-71）。

图 2-71

依然是先进入照相机的界面，注意画面右下角带有箭头的相机按钮，按下去之后，就会发现屏幕画面从手机后面的摄像头转换到手机前面的摄像头上了，如图 2-72 所示，这样就可以自拍了。笔者没有选择出境，图 2-72 中显示的是手机上方的天花板。

再次点击画面右下角的带有箭头的相机按钮，可以将画面从前置摄像头的角度转换到后置摄像头。

现在为了顺应人们自拍的需求，市场上出现了一种专门用于自拍的自拍杆（图 2-73），我相信已经有很多朋友们自己都用过自拍杆，不过笔者在这里提醒大家：使用自拍杆的过程中需要注意环境的安全，也要避免自拍杆对他人带来的不便。同时现在已经有很多地方，如剧院、博物馆等场所会命令禁止观众和参观者使用自拍杆，所以希望大家配合先关场所的要求，合理使用自拍杆。

图 2－72

图 2－73　　　　　　　　　　　　图 2－74

2.2.5.2　手电筒

日常生活中，我们经常会碰到走夜路、查水表和电表或者在黑暗环境下找东西的情形，这时候总会希望手里能有一把手电筒。很幸运，手机厂商为我们考虑到了这种需求。多数手机在下拉菜单中就有手电筒的功能。只需要轻轻点击，就可以打开手机背后的闪光灯，并使之持续照明，想要关闭手电筒的话，只需要再次点击按钮（图 2－74）。

虽然这只是一个小的功能，但是给生活带来了很多的便利，在此向大家强烈推荐这个功能。

2.2.5.3　计算器

在我们的生活中有时候会碰到一些难算的算数，只要有了手机，这些都不是难题。在手机程序界面里，可以找到计算器的图标（图 2－75），点击进入。

这时候我们就可以利用计算器进行计算了，和现实中的计算器一样，图 2－75 中的 C 表示清空所有输入，输入想要计算的数之后点击等于号，就获得了计算结果。

图 2-75

2.2.5.4　时钟和闹钟

　　手机里还内置了闹钟和一些时钟的功能，让我们来一起看看。和之前一样，我们可以在手机的程序界面里找到时钟的图标（图 2-76）。

图 2-76　　　　　　　　　　　　　　　　　　　　图 2-77

　　进入时钟的设定中，我们发现了几个标签页，在闹钟的标签页中。我们可以选择图2-77中的添加闹钟来添加新的闹钟，或者，点击上方已经设定的闹钟时间进行更改。

　　无论哪种方式，都会进入类似的页面，从而进行设定，如图 2-78 所示（不同的手机可能这个地方设置方式有所不同）。

　　拨动表盘的指针就可以调整到您想要的时间了。

　　如果想使用秒表的话，可以通过之前的秒表标签页按钮进入秒表界面，点击开始按钮，就可以方便开始计时了，然后开始按钮就会变成停止按钮，这样我们再次点击，就实现了掐表的功能，而这比使用普通手表准确得多（图 2-79）。

图 2 - 78

图 2 - 79

2.2.5.5　日历

　　想看看下周日是几号，阴历初几，这个时候，手机里的日历就派上用场了。

　　和之前一样，一般的手机，在应用程序的页面里就能找到日历应用（图 2 - 80），我们点击进入。

　　从图 2 - 81 中，我们可以看到，2016 年 3 月 8 日是妇女节，3 月 20 日是春分，这些节气和节日全都一目了然。

图 2 - 80

图 2 - 81

2.3　手机品牌和常见机型

2.3.1　高端手机

2.3.1.1　奢侈品

提到手机中的奢侈品牌，第一个被想到的往往是 Vertu（图 2－82）。

图 2－82

Vertu 原是诺基亚旗下的一个子品牌，主打奢侈华贵。与其他手机厂商采用的流水线作业方式不同，每一部 Vertu 手机都是由一名工人完成所有的组装过程的，用户甚至还可以指定某位工人来为其制作手机。Vertu 手机所使用的材料也同样不凡，小到一颗螺丝，都会采用最好的金属材质，更别提手机表面的黄金、钻石、珍贵皮革这样的昂贵材料了。

所以，如果看到了 Vertu 手机高达十几万甚至更多的售价，千万别觉得吃惊。

2.3.1.2　专业用途

高端手机里还有一类专业手机，它们往往用于极端环境和用途。如南极科考、攀登珠峰、沙漠探险等。这样的手机同样具有一些极致的特性，比方在零下几十度的情况下也能使用，如手机摔不坏，屏幕不怕利器摩擦，手机在水里泡上几天也不会坏，而通常市面上卖的普通三防手机都不能在水里停留太长时间。

图 2－83

这样的手机，专注于极致的特殊性能，因而往往需要一些极致的材料，这就造成了售价的高昂，不过这些都是值得的，毕竟在极端的环境下，有一部可以使用的手机就已经是最大的满足。登山的时候迷路了，又发现身上的苹果手机已经摔坏了，这个时候用户会想要拥有这些特种手机的（图 2 - 83）。

2.3.2　商务手机

2.3.2.1　苹果手机

如图 2 - 84 所示，苹果公司于 2007 年发布了第一台手机，命名为 iPhone，凭借颠覆性的设计、优秀的工艺以及在当时与众不同的操作系统，拉开了智能手机流行的序幕。经过快 10 年的发展，iPhone 不断升级改进，很多新技术都是率先被应用，成为了高端智能手机的标杆。

图 2 - 84

苹果手机最大的优点是具有优秀的工业设计和简洁易用的操作系统。相应地，苹果手机的售价也是高高在上的，往往在 4 000 元以上，对于消费能力有限的人来说，购买苹果手机是一笔较大的支出，在购买手机之前，需要根据自己的需求理性地选择。如果读者对于手机只有简单的诸如发微信、看微博、拍照片等需求，那么目前的国产手机也完全可以满足需求。

2.3.2.2　华为手机

华为在近两年迅速崛起，在全球市场占有率上稳居第三名（仅次于三星和苹果），成为了国产手机的代表品牌和民族骄傲。华为手机的产品策略仍然沿袭了传统手机厂商的机海战术，也就是市场上同时有几十个型号的华为手机在同时发售，这与三星很相似，但苹果、小米等厂商只制造销售几款型号的策略有所不同。

机海战术的要点就是，依靠自己最好最贵的手机赢得口碑，获得赞赏，再依靠品牌的名气提高其他型号的销量。所以在这里，我们为您选择了几个经典的华为的子品牌，在眼花缭乱的各种型号里，他们是最具有代表性的。

（1）MATE 系列

在华为的产品线中 MATE 系列主打高端市场，毫不夸张地说，MATE 系列，是华为最好的系列。这个系列的手机集合了华为所有可以展示出来的新技术和新材料。最好的处理器、最好的屏幕等，保证了华为 MATE 系列的手机可以带来最快最好的极致体验，不过相应的，这个系列的售价也很可观。

华为 MATE8（图 2-85）是 MATE 系列最新型的机器，采用了华为自己制造的最新的顶级 8 核芯片麒麟 950、6 英寸超大屏、超大容量电池，内存 3G 起，储存空间 32G 起，还有指纹识别等功能以及全网通版本。整个配置清单堪称顶级，适合追求极致的朋友购买。

图 2-85

(2) P 系列

和 MATE 系列相比，P 系列（图 2-86）更像是孪生弟弟。P 系列主打中高端市场，这个系列的手机精简了一些优秀却并不特别实用的功能，在保证手机极致性能的前提下，一定程度地节约成本，降低售价。从而让用户可以用不太多的钱，享受一流的手机使用体验。

图 2-86

P8（图 2-86）双 4G 高配版配置：全金属外壳，5.2 寸屏幕，8 核处理器、3G 机身内存、64G 储存空间而且还可以使用外部储存卡。单看这些配置，就知道这是一款很出色的手机，性价比出众。

（3）荣耀系列

荣耀系列，作为华为最早的一个系列，见证了华为手机的崛起，现在荣耀不仅仅是一个子品牌，它已经成了华为的象征，华为也特意注册了荣耀的独立商标。在华为众多的产品线里，现在的荣耀系列走上了主打性价比的新道路，也代表着华为最朴实本真的产品追求。

图 2-87

荣耀 6 Plus（图 2-87）是荣耀系列最近的明星 1399（笔者撰写时的价格）的价格很实惠，也拥有不错的配置：8 核处理器、5.5 寸超大屏幕、3G 内存、16G 机身存储，觉得手机存储空间不足还可以插外置储存卡。荣耀 6 Plus 也是一个性价比很高的高销量机型。

图 2-88

荣耀 4C（图 2-88）的配置：4 核处理器、5 寸屏幕、2G 内存，虽然 8G 存储空间不是很足够，但好在可以插 Micro-SD 外置储存卡弥补。这个配置虽然中规中矩，但他的价格不足千元，算是华为为我们带来的超实惠选择，如果对手机的要求不高，它可能是你的最省钱选择之一。

2.3.3 实用手机

2.3.3.1 联想手机

提到国产手机，没有人能够忽视联想这个品牌的影响力。与上面介绍的几个手机厂商不同，联想是中国少有的几家经历过功能机时代（也就是几年前的那种不能安装软件的手机）而依然存在且发展势头良好的手机生产商。联想在科技的变革中始终保持着手机行业的常青树的地位。

时间的考验，能彰显出一个品牌的价值。联想手机重技术、设计和做工，定价也合理。现在联想明显在中低端手机市场发力，这一级别的市场里牢牢地占据着可观的市场份额。

图 2-89

联想乐橙 K80M（图 2-89）是联想公司推出的一款主打性价比的高性能手机，采用了高达 1.8GHz 加速频率的英特尔 64 线程处理器、2G 超大内存、32G 超大存储空间、5.5 英寸全高清显示屏，并配备了超大型的电池，同时又支持双卡双待。用户能想到的一切都在这样一部手机上实现，而不需千元就可以得到它，这也就不难理解为什么联想手机能够在市场上占据不错的份额。

图 2-90

联想黄金士 A8 手机（图 2-90）：8 核高速处理器、2G 内存、5.0 英寸高清显示屏、1 300 万像素摄像头、双闪光灯，以及支持移动 4G。这款手机目前市场售价 499 元，确实当得起物美价廉。轻便、流畅、性能强劲却又价格实惠是这款手机最大的特点。

2.4　常见手机故障及应对方法

◇ 显示不在服务区或者网络故障

如果无网络信号，原因可能是用户正处于地下室或建筑物中的网络盲区，或者处于网络未覆盖区。可以考虑移至其他地区接收信号。

◇ 电话无法接通

当位于信号较弱或接收不良的地方时，设备可能无法接收信号，可以移至其他地方后再试。

◇ 待机时间变短

可能是由于所在地信号较弱，手机长时间寻找信号所致，可以考虑关闭手机；也有可能是电池使用时间过长，电池使用寿命将尽，可以到手机厂商指定地点更新电池。

◇ 不能充电

有 3 种可能，一是手机充电器工作不良，可以与手机厂商指定维修商或经销商联络维修。二是环境温度不适宜，可以更换充电环境。三是接触不良，可以检查充电器插头。

◇ 联系人不能添加

可能是联系人存储已满，可删除部分原有的无用条目。

◇ 设备未打开

可能是电池电量用尽，打开设备前，先确保电池中有充足的电量，也可能是电池未正确插入电池槽，可以尝试重新插入电池。

◇ 触摸屏反应缓慢或不正确

可能是触摸屏幕时佩戴手套或者手指不干净，或者触摸屏之前在潮湿环境中使用或有水渗入，引发了故障。如果触摸屏受到刮擦或损坏，请联系手机厂商服务中心。

◇ 设备摸上去很热

当使用耗电量大的应用程序或长时间在设备上使用应用程序，设备摸上去就会很热。这属于正常情况，不会影响设备的使用寿命或性能。

◇ 照片画质比预览效果要差

照片的画质和拍照的环境有关，如果在黑暗的区域比如夜间或室内拍照，可能会出现图像模糊，也可能会使图像无法正确对焦。

第3章 常用软件的下载和安装

3.1 相关名词

3.1.1 App

3.1.1.1 App 的定义

App 指手机软件，是单词 Application 的简写。App 这个词随着智能手机的出现变得广为人知。智能手机与功能机相比最大的特色就是可以安装 App，App 可以完善原始系统，适应个性化的使用需求。智能手机的丰富而强大的功能也正是通过安装各种 App 来实现的。

3.1.1.2 App 的安装

目前，主流的智能手机平台是 iOS 与安卓平台。iOS 平台相对封闭，App 的下载与安装只能通过官方的 App Store 进行，有的应用需要付费才能下载。安卓平台比较开放，市面上有大量的应用商店，安装应用基本是免费的。App 可以通过手机自带的下载软件来下载，但是也有一些专业的手机助手，如豌豆荚、360、百度，可以考虑下载安装。

这里我们以安装手机 QQ 为例，分别介绍 iOS 平台和安卓平台的应用安装方法。

对于 iOS 平台，首先打开 App Store，切换到「搜索」标签，在屏幕上方的搜索栏输入 QQ，在搜索结果中找到 QQ，如果该 Apple ID 从未安装过 QQ，点击右部的获取按钮，在弹出的对话框中输入 Apple ID 和密码，确认后开始下载，如果以前安装过，直接点击下载按钮即可安装，安装完成后手机桌面就可以找到 QQ，如图 3-1 所示。

对于安卓平台，存在大量的第三方应用商店，这些第三方应用商店的使用方法大致相同，只是在收录的应用数量、质量方面有所差别。常见的应用商店有腾讯应用宝、360 手机助手、百度手机助手、91 手机助手、豌豆荚、安卓市场、安智市场等。这里以豌豆荚为例演示 QQ 的安装方法。

首先需要安装豌豆荚 App，打开手机浏览器，访问豌豆荚官网 https：//www.wandoujai.com 点击「立即下载」，即可下载豌豆荚安装包，如图 3-2 所示。

打开下载的安装包文件，点击「下一步」，安装豌豆荚 App（图 3-3）。

打开豌豆荚 App，在应用顶部的搜索栏中输入关键词「QQ」（图 3-4）。

在搜索结果中找到「QQ」，点击安装即可（图 3-5）。

中国联通
23:40
83%
搜索
2
热门搜索
美食团购
佰付美
猜歌王
学韩语
泡泡堂
无线
春秋
贷款app
猜成语
淘点点
1
搜索
中国联通
23:46
87%
QQ
QQ
Tencent Technology (Shenzhen) Co...
QQ群发祝福
口令红包
同城爱爱-约附近陌生人,俊男
美女交友约会聊天软件
Shenzhen Mobofeng Technolog...
获取

图 3－1

23:52
www.wandoujia.com
豌豆荚　一览　豌豆荚 Smart 锁屏　开眼
豌豆荚
5 亿人在这里找到想要的应用
收录全网应用商店资源
找应用玩游戏？一个豌豆荚就够了
立即下载
想到，就能找到。

图 3－2

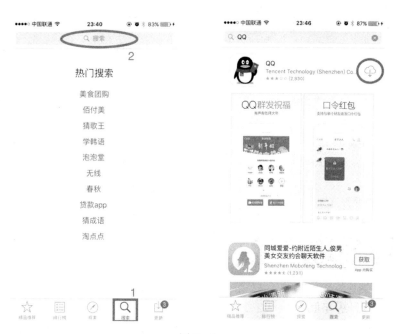

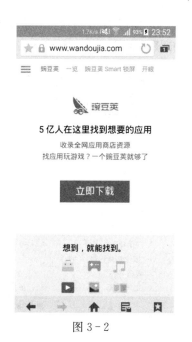

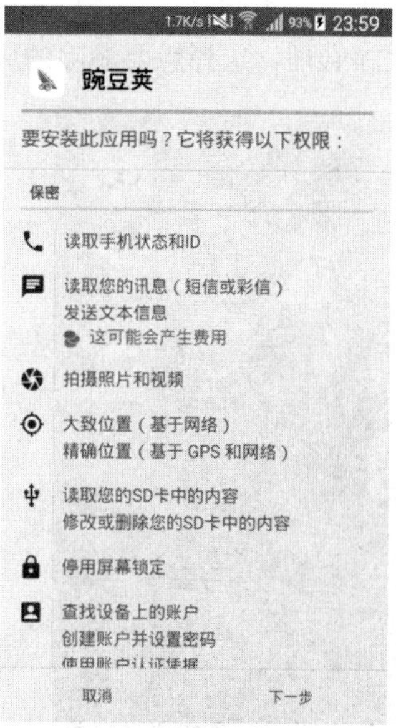
23:59
豌豆荚
要安装此应用吗？它将获得以下权限：
保密
读取手机状态和ID
读取您的讯息（短信或彩信）
发送文本信息
这可能会产生费用
拍摄照片和视频
大致位置（基于网络）
精确位置（基于 GPS 和网络）
读取您的SD卡中的内容
修改或删除您的SD卡中的内容
停用屏幕锁定
查找设备上的账户
创建账户并设置密码
取消
下一步

图 3－3

图 3-4　　　　　　　　　　　　　　　　图 3-5

3.1.1.3　App 的升级与卸载

　　iOS 平台卸载 App 十分方便，直接在桌面上长按需要卸载的软件图标，待图标左上角出现叉号的时候，点击叉号即可卸载，如图 3-6 所示。

　　对于安卓平台，不同品牌的手机界面区别较大，通用的方法有两种：一是在手机的设置里找到应用程序管理，选择想要删除的应用，点击卸载，如图 3-7、图 3-8、图 3-9 所示。

图 3-6　　　　　　　　　　　　　　　　图 3-7

　　这种方法直接，但是比较麻烦，实际上很多应用管理软件如豌豆荚等都具有卸载App 的功能，可以快速卸载应用。以豌豆荚为例，点击搜索栏右边的按钮可以进入应用管理界面，然后切换到已安装标签，会出现已安装应用的列表，点击应用右边的卸载按钮即可卸载。

图 3-8

图 3-9

　　点击升级标签，可以查看可升级的应用，点击升级按钮即可升级应用版本，建议读者即使更新手机中的 App。对于 iOS 系统，在 App Store 中即可升级 App。

3.1.2　云平台

　　云计算（cloud computing）是基于互联网的相关服务的增加、使用和交付模式，通常涉及通过互联网来提供动态易扩展且经常是虚拟化的资源。云是网络、互联网的一种比喻说法。过去在图中往往用云来表示电信网，后来也用来表示互联网和底层基础设施的抽象。因此，云计算甚至可以让你体验每秒 10 万亿次的运算能力，拥有这么强大的计算能力可以模拟核爆炸、预测气候变化和市场发展趋势。用户通过电脑、笔记本、手机等方式接入数据中心，按自己的需求进行运算。

　　对云计算的定义有多种说法。对于到底什么是云计算，至少可以找到 100 种解释。现阶段广为接受的是美国国家标准与技术研究院（NIST）的定义：云计算是一种按使用量付费的模式，这种模式提供可用的、便捷的、按需的网络访问，进入可配置的计算资源共享池（资源包括网络、服务器、存储、应用软件、服务），这些资源能够被快速提供，只需投入很少的管理工作，或与服务供应商进行很少的交互。

　　对于普通用户来说，使用最多的云平台服务就是网盘了，百度云是此类服务中的佼佼者（图 3-10）。百度云目前为每个用户提供 2T 的云端存储空间，通过百度云可以轻松同步文件，备份相册和通讯录等。

打开百度云 App 后，默认进入存储空间的根目录，可以对文件进行下载、分享和删除等操作。点击下方的加号按钮可以上传文件。

点击下方的更多，可以出现更多功能，这里比较实用的是相册备份和通讯录备份功能（图 3-11）。

图 3-10

图 3-11

3.2 常用 App 软件

3.2.1 网上冲浪

3.2.1.1 浏览器

浏览器是用来浏览网页的应用程序，是与互联网交互的基础入口，几乎每个手机出厂时都内置了浏览器。此外，还有众多的第三方浏览器可供选择，第三方浏览器往往提供了比内置浏览器更丰富的功能。常见的浏览器有 UC 浏览器、QQ 浏览器、360 浏览器、欧朋浏览器、百度浏览器等。浏览器的核心功能是浏览网页，围绕着这个核心，手机浏览器的常见功能有多窗口管理、网址导航、书签、书签同步、夜间模式等。浏览器是高度同质化的应用，不同厂商的产品只是在功能和界面布局以及一些细节上有区别，这里以 Android 平台下的 UC 浏览器为例，介绍浏览器的使用方法。

打开 UC 浏览器，主页如图 3-12 所示。

在「搜索和地址栏」中输入关键词可以直接调用百度搜索，搜索「QQ」，结果如图 3-13所示。

图 3 - 12

图 3 - 13

点击主页键可以返回主页，在地址栏直接输入网址，可以直接访问网页，例如输入「www. baidu. com」即可进入百度首页，如图 3 - 14 所示。

点击窗口键，即可出现窗口管理界面，如图 3 - 15 锁匙，可以切换浏览窗口，关闭或新增窗口。

图 3 - 14

图 3 - 15

在这个界面，点击关闭即可关闭当前网页的浏览窗口，点击返回会回到上一个界面，点击新增，可以增加一个新的浏览窗口，左右滑动屏幕切换窗口。在这里，我们先点击关闭，关闭浏览「百度」的窗口，再点击新增，这时会出现一个新窗口。

下面介绍浏览器的书签使用方法，浏览器是通过网址访问网站的，浏览器可以帮我们记住常用网站的网址，这样就可以避免重复输入网址。下面演示如何将网址添加到书签。在浏览器中访问「jd.com」，打开网址后，点击菜单，在弹出的菜单中选择收藏网址，选中书签后确定即可，如图 3 - 16 所示。

成功添加书签后，点击菜单键，再点击「书签/收藏」，即可打开查看书签，点击编辑，可以对书签进行命名、删除、分组等操作（图 3 - 17）。

图 3 - 16

图 3 - 17

3.2.1.2 搜索工具

互联网上拥有海量信息，面对如此纷繁浩杂的信息网络，当我们需要查询、检索资料时，就必须借助搜索引擎了（图 3 - 18）。搜索引擎几乎可以看作是网络的入口，当需要查找信息时，在搜索引擎中输入关键词，就可以看到相关的网页。

国内常用的搜索引擎有百度、360 搜索、搜狗等。百度（www. baidu. com）是国内使用最多的搜索引擎。在手机上使用百度非常简单，只需要打开手机浏览器，在地址栏输入百度的域名：www. baidu. com 即可进入百度主页。

在搜索栏中输入想要查询的关键词，点击「百度一下」，即可查看搜索结果。假如我们需要查询小米和三星手机哪个好，就可以直接输入「小米和三星哪个好」，结果如图 3 - 19 所示。

上下滑动屏幕，可以看到很多相关的网页，这里需要特别注意的是，图 3 - 19 中排在前面的 3 个网页底部有「推广」标志，简单地说，有「推广」标志的是搜索引擎推送的广告，与我们的要搜索的内容并无太大相关关系，所以在使用百度搜索时，需要注意尽量不要点击有「推广」标志的链接。

当然，百度也可以输入多个关键词，例如，我们输入「小米　三星」即可找到与小米和三星相关的网页（图 3 - 20）。

图 3-18

图 3-19

图 3-20

百度搜索具有搜索建议功能，可以根据用户输入的关键词，推荐更加具体准确的关键词或者相关的关键词。在搜索结果页的底部，可以看到很多候选的关键词，点击即可搜索，如图 3-21 所示。

此外，百度还具有输入纠正的功能，例如，输入「xiaomi」或「小米」，都会默认展示「小米」的搜索结果，但是如果确实想搜索「xiaomi」或者「小米」，在搜索结果页可以点击「仍然搜索」，如图 3-22 所示。

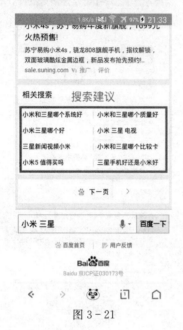

图 3-21

图 3-22

3.2.2 聊天交友

3.2.2.1 微信

微信是移动互联网时代最为火爆的聊天应用，几乎是智能手机的必备软件。经过几年的发展，微信已经具备了丰富多样的功能，这里我们介绍微信的一些基本使用方法。

如果没有微信账号，首先需要注册微信账号，打开微信后，点击注册按钮，填写昵称、手机号和密码后即可注册（图 3-23）。

图 3-23

注册微信账号后，就可以添加好友了，在主界面点击右上角的加号，选择添加朋友，再输入对方的微信号就可以添加好友了，如果对方是通过手机号码注册的，也可以输入手机号添加。发出添加申请后，对方同意后就可以成为好友了（图 3-24）。

图 3-24

有了好友就可以开始聊天了，在首页点击聊天对话就可以进入聊天界面，也可以在通讯录中找到好友发送消息。聊天界面如图 3-25 所示。

输入框可以输入文字消息。点击输入框左边的语音按钮可以切换到语音模式，发送语音消息（图 3-26）。

图 3-25

图 3-26

在输入框右边是表情按钮，点击可以选择表情发送（图 3-27）。

点击最右边的加号，可以选择其他功能，图 3-28 标记出了最常用的几个功能。

点击照片，可以打开照片相册，选择想要发送的照片，就可以把照片发送给好友了。视频聊天功能可以通过微信进行视频或者语音聊天。红包功能可以给对方发送红包，第四章会详细介绍。

图 3 - 27   图 3 - 28

　　微信的朋友圈功能,类似于 QQ 空间,可以在朋友圈分享图片、文字消息、网页、视频等。在微信主界面,点击发现按钮,再点击朋友圈,即可进入朋友圈(图 3-29)。

图 3 - 29   图 3 - 30

　　朋友圈可以看到好友发布的状态的内容和时间以及其他好友的互动,如图 3-30 所示。与 QQ 空间不同的是,朋友圈只能看到双方共同好友的互动。

　　每条状态后方都有一个小对话框,点击可以选择评论或点赞,与好友互动(图 3-31)。

在朋友圈的右上角，有一个相机图标，点击可以发布自己的朋友圈状态，如图 3 - 32 所示。

图 3 - 31　　　　　　　　　　　　　　　　图 3 - 32

点击「从手机相册选择」，选好照片后，可以设置是否插入位置，以及消息的权限，即允许和不允许哪些人看（图 3 - 33）。

编辑完成后点击右上角的发送就可以发状态了，如果要发文字消息，长按照相机图标即可（图 3 - 34）。

关于微信的介绍就到这里，更多功能留给读者自己发现。

图 3 - 33　　　　　　　　　　　　　　　　图 3 - 34

3.2.2.2 QQ

QQ 也是腾讯公司推出的聊天应用，也推出了手机版，拥有海量的用户。手机 QQ 的使用与微信类似，但比微信简单。

手机 QQ 的界面是这样的（图 3-35）。

布局与微信大致类似，首页展示消息列表，从下方的标签栏可以切换到联系人列表（图 3-36）。

图 3-35

图 3-36

点击好友，即可开始聊天，聊天界面如图 3-37 所示。

输入框的下方有一排快捷按钮，分别是语音、视频、图片、照相、红包和表情等。

在主界面的动态标签里，可以进入 QQ 空间，图 3-38 中的好友动态就是。

QQ 的介绍就到这里，更多用法请读者自己发现。

图 3-37

图 3-38

3.2.3　衣食住行

3.2.3.1　地图

目前的智能手机都配有 GPS 模块，定位精度可以达到几米之内，极大地扩展了智能手机的应用场景。基于位置最主要的应用就是手机地图，手机导航软件已经体现出取代汽车 GPS 导航的趋势了。国内常用的手机地图是百度地图和高德地图。地图的使用大同小异，常用功能有定位、路线规划、导航、离线地图等。下面以 Android 版百度地图为例，介绍手机地图的使用方法。

在浏览器地址栏输入 map. baidu. com，打开百度地图，主界面如图 3 - 39 所示。

打开百度地图后，默认会对当前位置进行定位，并且显示在地图上，在图 3 - 39 里，地图中央的蓝色圆点和箭头表示当前位置及方向。点击左下方的加号和减号可以对地图进行放大和缩小。在缩放按钮下方，是视图按钮，点击可以切换不同的视图模式，模式是地图静止，运动时人的位置和方向在地图上改变。点击视图按钮，可以切换到以人为中心，地图随着人的运动而改变的模式。如图 3 - 40 所示。

图 3 - 39

图 3 - 40

点击图层，可以切换地图显示的内容，如图 3 - 41 所示。

「卫星图」、「2D 平面图」和「3D 俯视图」为切换图层，收藏点和热力图可以在当前图层上叠加显示。

卫星图样式如图 3 - 42 所示。

图 3 - 41

图 3 - 42

3D俯视图可以显示地图上的建筑的轮廓和高度，如图 3 - 43 所示。

全景是另一个非常实用的功能，使用全景功能，可以看到支持全景的路段是实景，并可以随意移动和转动视角，仿佛自己在路上行走一般。全景的使用方法也很简单，点击右上角的全景按钮，把镜头放置在想要查看的路段，如图 3 - 44 所示。

图 3 - 43

图 3 - 44

并不是所有的路段都支持全景，支持全景的路段会在地图上被加粗标注出来，把摄像头放置在支持全景的路段，点击「查看全景」，即可进入全景视图。如图 3 - 45 所示。

左右屏幕可以可以查看不同方位的实景，点击路面可以移动。

实时路况功能是另一个非常实用的功能，点击右上角的路况按钮，即可在地图上叠加显示实时路况信息，不同颜色代表不同的拥挤程度，绿色代表畅通，黄色表示拥挤，红色表示堵塞，颜色越深，堵塞越严重，如图 3-46 所示。

图 3-45　　　　　　　　　　　　　　　　图 3-46

　　介绍完百度地图的界面后，下面介绍百度地图的核心功能，路线规划和导航。点击右下出发按钮，进入路线规划界面，如图 3-47 所示。

　　这里需要设置起点和终点，默认的起点是当前位置，在「输入终点」的位置输入目的地，例如，输入「王府井」，这时会根据输入的位置联想相关位置，在列表中选择更为准确的地址，这里我们选择「王府井商业街」作为目的地（图 3-48）。

图 3-47　　　　　　　　　　　　　　　　图 3-48

　　输入完目的地之后，地图上会出现规划好的路线，如图 3-49 所示。

在屏幕上方可以选择模式，这里是「驾车」模式，还可以支持「公交」、「步行」、「骑车」模式，百度地图会根据不同模式，规划出不同的路线。在地图下方，会有和路线相关的信息，例如，距离、预计时间、红绿灯个数等。点击向上的箭头，可以查看当前具体的路线信息（图 3-50）。

图 3-49

图 3-50

再次点击向下的箭头，可以返回路线，在屏幕右上角，有「偏好」按钮，点击可以设置路线偏好，确认后，地图会重新规划出更符合用户偏好的路径（图 3-51）。

点击屏幕右下方的开始导航，即可进入到导航界面（图 3-52）。

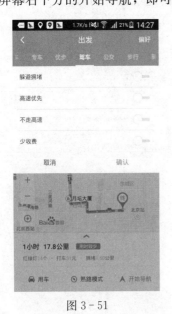

图 3-51

图 3-52

按两次返回键可以退出导航。地图在使用中，需要加载比较多的地图信息。百度地图提供了离线地图的功能，可以通过 WIFI 预先下载地图信息，通过移动网络使用地图时，可以节省大量流量。点击地图左上角的头像，可以进入个人中心（图 3-53）。

点击「离线包下载」，选择「离线地图」，进入离线地图管理界面（图 3-54）。

图 3-53　　　　　　　　　　　　　　　　　图 3-54

切换到「城市列表」，可以查找城市下载对应的离线地图包。

3.2.3.2　买票

出行离不开买票，互联网普及之前，买火车票需要提前在火车站排队买票，改签退票也需要去火车站，费时费力。现在这一切都可以在手机上完成，铁道部推出了官方的火车票订票平台 12306（www.12306.cn），但该网站主要针对于在电脑浏览器中使用，在手机

图 3-55

上，我们可以用携程 App 去订票。携程 App 有 iOS 和安卓版，二者区别不大。主界面如图 3 - 55 所示。

首先点击下部标签栏中的「我的」，登录账号，如果没有账号，需要点击注册，注册新账号（图 3 - 56）。

图 3 - 56

登录完成后，回到 App 首页，点击「火车票」，进入火车票查询页面，输入行程信息，可以查询车票（图 3 - 57）。

图 3 - 57

图 3 - 58

查询结果（图 3 - 58）。

点击需要的车次，进入选座界面（图 3 - 59）。

这里建议使用 12306 账号登录后买票，等同于通过 12306 官方买票，退票和改签方便一些。点击下方的登录 12306 账号，跳转到登录界面（图 3 - 60）。

图 3 - 59

图 3 - 60

如果没有账号，可以点击注册 12306。注册需要填写一些基本信息，然后验证手机即可，与常见网站注册流程类似（图 3 - 61）。

图 3 - 61

图 3 - 62

　　登录完成后会到选座界面，点击想要选择的座位类别，再选择通过12306买票，如图3-62所示。

　　点击买票后，需进入订单填写流程。需要添加乘车人（图3-63）。

　　添加完乘车人后，填写联系手机，再根据提示点击验证码，最后提交订单（图3-64）。

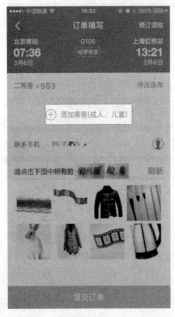

图 3-63

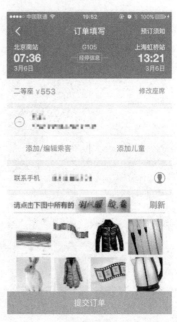

图 3-64

　　提交订单后，再次核对信息，确认无误后点击去支付（图3-65）。

图 3-65

图 3-66

点击去支付后，选择适合自己的支付方式完成支付即可成功订票（图3-66）。

除了订火车票，携程还可以订机票、汽车票等，但是流程与预订火车票类似，这里就不再赘述了。

3.2.3.3　旅游服务

出行的最基本需求就是交通和住宿，都需要提前计划和安排妥当，携程不仅可以订票，也可以预订酒店、景点门票等，是旅行必备应用。

在携程首页点击酒店，跳转到酒店查找界面，输入日期、位置、关键词等信息可以查询酒店信息（图3-67）。

在酒店列表里选择满意的酒店（图3-68）。

图 3-67

图 3-68

点击酒店可以查看房型（图3-69）。

选择合适的房型，点击预订（图3-70）。

填写入住人姓名和联系方式，点击去支付，完成支付即可成功预定。在携程预订酒店时，要注意仔细阅读自己所选房型的扣款说明，不同酒店、不同房型甚至不同价位的预订，扣款说明可能都不一样，有的需要预付房费，需要通过信用卡担保，有的可能无需预付费或担保。

很多人旅游喜欢跟团，在携程上也可跟团。在 App 首页点击旅游，进入旅游首页，首页有热门的路线推荐，也可以根据自己的喜好进行搜索，确定旅游产品后，填写订单并支付即可，与买票的流程相似（图3-71）。

图 3-69   图 3-70

同样，在购买旅游产品时，一定要事先仔细阅读产品说明，重点了解该产品的路线、时间安排以及包含的服务内容。

在 App 首页，点击门票，可以进入门票首页，通过搜索找到心仪的景点，即可在线预订门票（图 3-72）。

图 3-71   图 3-72

3.2.3.4　团购

团购是随着移动互联网的普及而发展起来的一种新兴的商业模式，其本质是把线下的服务放到互联网上卖。团购已经覆盖到生活的方方面面，可以团购美食、电影、酒店、KTV等。团购网站最为有名的就是美团网。美团网 App 均有 iOS 和安卓版，两个版本差异很小。

打开美团 App，首页是这样的（图 3 - 73）。

图 3 - 73

图 3 - 74

图 3 - 75

图 3 - 76

在左上角选择自己所在的城市，在顶部的搜索框中直接输入想要团购的商铺名称，例如，我们输入「巴依老爷」（图3-74）。

会得到相关店铺的列表，点击想要团购的，查看详情。这里建议仔细阅读网友对商户的评价，帮助判断商户的质量。该页还会列出该商户支持的团购券，点击可以查看详情（图3-75、图3-76）。

在团购详情页面，要重点阅读该团购券的可用日期，涵盖的内容等。点击立即抢购可以购买团购券（图3-77）。

订单信息编辑完成后，提交订单，跳转到支付界面，支付完成后会收到团购券码，向商家出示团购券码即可消费（图3-78）。

图3-77

图3-78

3.2.3.5　外卖

目前市面上的手机外卖平台主要有饿了么、美团外卖和百度外卖，使用方法都大同小异，这里以饿了么为例进行介绍。

外卖软件的使用步骤包括选择地点、选择餐厅、选择外卖种类、输入地址和电话，支付。

饿了么App界面如图3-79所示。

在最上方可以选择自己所在的位置，定位后首页可以查看周围的外卖餐厅，也可直接搜索餐厅名称，找到餐厅后可以参看餐厅信息（图3-80）。

图 3 - 79

图 3 - 80

　　向上滑动屏幕，可以查看餐厅的外卖种类，选择想要的外卖加入购物车结算（图 3 - 81）。

　　点击去结算，进入订单详情编辑页面，输入详细地址和联系方式，选择支付方式（图 3 - 82）。

　　确认下单后，跳转到支付页面，完成支付即可成功下单。

图 3 - 81

图 3 - 82

3.2.4　学习办公

3.2.4.1　看书学习

书是人类用来记录一切成就的主要工具，是人类学习的主要媒介。在互联网时代，电子设备的流行影响了人们的阅读习惯，书籍的媒介逐渐从纸质书转变为电子书。电子书经历了初期盗版泛滥的局面后，市场日趋规范和健康，主流的电子书平台都提供正版电子书，需付费阅读。手机上主流的阅读 App 有多看阅读、kindle、iReader、豆瓣读书、微信读书等。读书 App 的主要功能是找书、买书、看书，包括设置字体、字号、排版格式、做笔记等。这里以多看阅读为例进行介绍。

打开多看阅读，默认进入书城界面，这里显示书籍分类以及一些推荐书籍。在开始使用之前，需要登录账户，如果没有账户，需要先注册。多看阅读使用小米账号登录，如果有小米账号，可以直接登录。登录账号的方法是在 App 主页点击左上角的个人中心，在弹出菜单中点击登录（图 3 - 83、图 3 - 84）。

图 3 - 83　　　　　　　　　　　　　　　图 3 - 84

在书城界面中，可以查看推荐书籍，也可以点击右上角的搜索按钮搜索想看的书籍。点击书名即可查看书籍详情。在这里可以查看书籍的简介、目录、作者简介以及读者的评论。点击免费试读，可以试读一部分，再决定是否购买。点击购买可以直接买书。如图 3 - 85 所示，这本书价格为 12 阅米，等同于人民币 12 元。点击购买，会弹出购买确认对话框，点击确定，如果余额充足，则购买完成，如果余额不足，会提示充值（图 3 - 86）。

选择想要充值的金额，会跳转到支付界面。这里需要注意的是，在 iOS 平台下，是通过 Apple ID 进行应用内购，充值时需要输入 Apple ID 的密码。在安卓平台下，可以通过支付宝充值。并且，iOS 平台的账户余额和安卓平台的余额不通用，但是同一账户购买的电子书在两个平台都可以看。

图 3 - 85

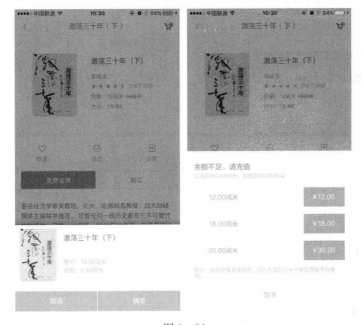

图 3 - 86

　　购买后在主界面点击书架，打开书架，可以看到账户中的书籍，点击封面即可阅读（图 3 - 87）。

打开一本书，会自动跳转到上次阅读的位置（图 3-88）。

图 3-87

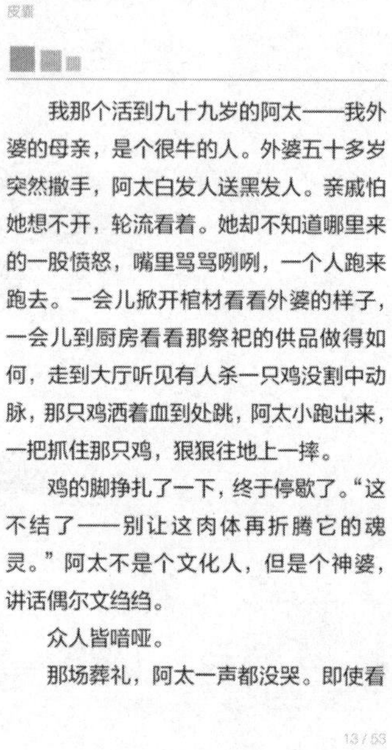

图 3-88

点击屏幕，可以出现阅读菜单（图 3-89）。

点击夜间模式按钮，可以让背景变暗，不刺眼。点击目录按钮可以打开目录，在目录菜单中，还可以查看书签和书摘（图 3-90）。

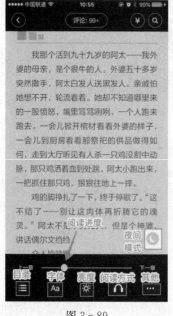

图 3-89

图 3-90

点击字体按钮，可以设置字号、字体、版式和主题等（图 3‒91）。

点击阅读方式，可以设置语音朗读和自动翻页（图 3‒92）。

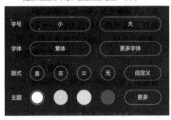

图 3‒91

图 3‒92

点击「其他」按钮，可以添加书签（图 3‒93）。

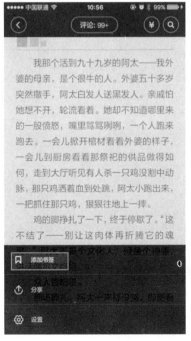

图 3‒93

在阅读时，长按屏幕并滑动可以选择句子，点击划线即可添加书摘。

目前主流的电子书平台都会提供部分免费资源供用户阅读，差别在于不同平台免费资源的数量和质量，免费资源比较多的平台有追书神器、书香云集小说、百度书城等，这些平台的使用方法都基本类似，读者可以根据自己的需要进行选择。

3.2.4.2　传文件

在日常生活中，我们经常会有在手机之间传输文件的需求，如传图片、音乐、视频等，对于图片等小文件，直接使用微信十分方便，但是传输大文件时，使用微信传输会十分费时且消耗太多流量。这时，通过 WiFi 来传输是一个很好的办法，茄子快传就是一款使用 WiFi 在手机之间互传文件的应用，使用方便，传输快，不消耗流量。

进入茄子快传软件的界面，如图 3-94 所示。

想要发送文件，就点击"我要发送"按钮，反之，就选择"我要接收"，这里以"发送"为例，点击按钮后，会进入文件选择的界面，我们在此选择想要传输的文件，选好后点击界面右下方的"下一步"（图 3-95）。

图 3-94

图 3-95

这时会出现一个雷达状的界面，如图 3-96 所示

进入这个界面表示已经准备好了文件，正在选择文件的接收者，在另一个手机上打开茄子快传，点击"我要接收"，发送方界面会出现接收方手机名，确认后即可传送文件（图 3-97）。

图 3 - 97

找不到好友?

图 3 - 96

3.2.4.3　文字处理

(1) WPS

Office 系列软件是最常用的办公套件，市面上的办公软件有很多种，其中最为著名的就是微软公司的 Microsoft Office 和金山公司出品的 WPS Office。这两家公司也先后推出了手机版的 Office 软件，与电脑版相比，手机版的 Office 软件功能弱化了许多，仅保留了文档浏览和常用的编辑功能。因此，更多的人选择在智能手机上面使用 WPS Office 处理 Office 文档，对于安卓平台，在各大应用商店里搜索「WPS Office」即可查找安装该软件，图 3 - 98 所示是在豌豆荚中的搜索结果。iOS 平台可在 App Store 中安装。

这里以安卓平台为例，介绍 WPS Office 的使用方法。打开 WPS Office 软件，界面如图 3 - 99 所示。

Office 软件的核心功能查看、修改和新建文档，WPS Office 的界面十分简洁，点击「打开」，可以查找打开文件（图 3 - 100）。

图 3 - 98

图 3 - 99

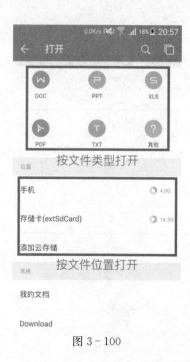

图 3 - 100

WPS Office 提供了按文件类型打开和按文件位置打开两种方式查找文件，按文件类型打开，是指在选择了格式后，软件自动列出手机上相同格式的文档，可以从中找到想要打开的文件。按文件位置打开，是指在系统文件目录中按照存储路径找到想要打开的文件，就像在电脑中打开 C 盘中的某个文件。例如，我们想要打开存储在手机 SD 卡根目录的「智能手机简介」的 word 文档。有两种方法可以选择。第一种是点击「DOC」按钮，即查看 doc 文档，也就是 word 文档，屏幕会列出手机内的所有 doc 格式的文档。如图 3 - 101 所示。

第二种方式是按文件位置查找，点击「存储卡（extSdCard）」，浏览 SD 卡目录，找到名为「智能手机简介」的文件，点击即可打开（图 3 - 102）。

打开文件后，默认是阅读模式，点击左上角的「编辑」可以进入编辑模式（图 3 - 103）。

图 3 - 101

图 3 - 102　　　　　　　　　　图 3 - 103

在阅读模式下，点击右下角的工具，在弹出的菜单中可以选择一些常用功能，例如文件另存、转换成 PDF、分享、打印、调节阅读进度、旋转屏幕、查看目录、插入书签、使用夜间模式等（图 3 - 104）。

点击左上角的「编辑」，切换到编辑模式，工具栏中则会多出很多选项，根据需要选择不同的功能可以完成对文件的简单编辑（图 3 - 105）。

图 3 - 104

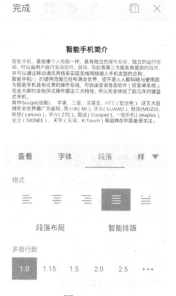

图 3 - 105

编辑功能就介绍到这里。另一个常用功能是新建文档，在软件主界面点击右下角的红色按钮，会弹出新建文件类型的选择，我们以新建文档为例。软件会出现选择模板的界面。如果不需要模板，直接点击空白即可（图 3 - 106）。

图 3 - 106

图 3 - 107

我们这里不使用模板，直接点击空白，进入编辑界面，输入文字，设置格式，和在电脑上编辑文档类似（图 3 - 107）。

编辑完成之后，点击完成可以进入阅读模式，点击完成右边的保存按钮，设置好文档保存位置后，即可保存文档，如图 3 - 108 所示。

(2) 日记软件

手机随身携带，自然就会想到，用手机写日记是一件很方便的事。手机日记软件有很多种，但是作为日记软件，只要能满足两点需求就可以了，一是方便的编辑功能，二是私密性，可以设置密码，只有自己可以看。这里我们选择了一款同时支持 iOS 和安卓平台的日记软件——记记日记，在 App Store 和豌豆荚中均可下载。

打开记记日记，默认展示历史日记（图 3 - 109）。

点击右上角的编辑按钮，可以写新日记（图 3 - 110）。

图 3 - 108

图 3 - 109

图 3 - 110

日记除了输入文字外，还可以添加心情、天气、图片和位置。日记编辑完，点击保存，日记就会出现在日记列表里。并且会在日历中显示出来（图 3 - 111、图 3 - 112）。

图 3 - 111

图 3 - 112

日记是相对私密的内容，记记日记可以设置密码，打开应用时需要输入正确的密码才能查看日记。设置方法是在主界面点击设置按钮，选择日记密码（图 3 - 113）。

接着提示输入密码，就是我们想要设置的密码（图 3 - 114）。

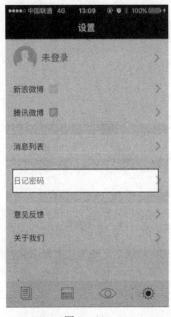

图 3 - 113　　　　　　　　　　　图 3 - 114

设置好密码后，当我们再次打开记记日记时，就会提示需要先输入密码，如果密码错误，就无法进入 App（图 3 - 115）。

图 3 - 115

3.2.4.4　收发邮件

电子邮件几乎伴随着互联网而诞生，是一项十分古老但经久不衰的应用。办公、注册账号都离不开电子邮件。国内有很多免费的电子邮件提供商，如网易、腾讯、新浪、搜狐等。其中网易的邮箱使用较为广泛，本章就以网易 163 邮箱为例介绍如何收发邮件。

　　首先来介绍如何注册账号，在浏览器中访问 mail.163.com 即可打开 163 邮箱官网，默认是登录界面（图 3 - 116）。

　　点击登录按钮下方的「马上注册」，跳转到注册页面，默认是需要输入手机号注册。如果不希望用手机号注册，可以点击提交按钮下方注册字母邮箱，这里我们点击该链接，注册字母邮箱（图 3 - 117）。

图 3 - 116

图 3 - 117

　　注册字母邮箱的界面如图 3 - 118 所示。

图 3 - 118

输入想要注册的用户名以及密码，提交即可。

智能手机出厂时都内置了相应的邮件应用，不同品牌手机内置的邮件应用界面虽有不同，但功能基本接近。这里以网易公司的邮箱应用「网易邮箱大师」为例，在安卓各大应用商店均可下载，苹果手机在 App Store 中下载。

网易邮箱大师打开后，默认进入登录界面，输入用户名和密码登录（图 3 - 119）。

登录后默认进入收件箱，会显示收件箱中的邮件（图 3 - 120）。

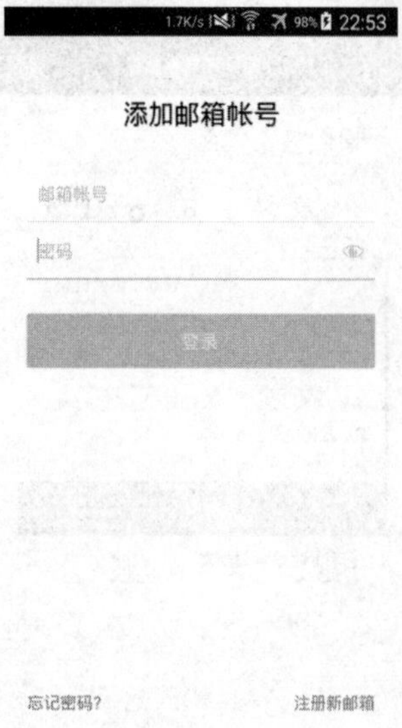

图 3 - 119 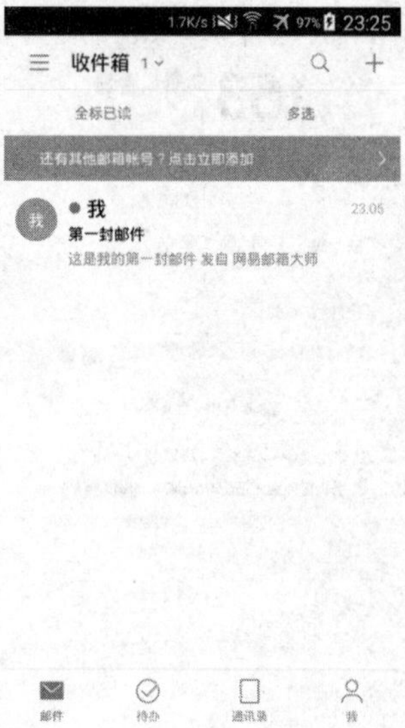　　　　　　　　　　　　　　　　图 3 - 120

点击邮件标题可以查看详细内容（图 3 - 121）。

图 3 - 121

　　点击下方的「回复/转发」可以回复该邮件或者把邮件转发给别人。点击左上角的左箭头可以返回主界面，右上角的向上和向下的箭头可以查看上一封和下一封邮件。

　　在主界面中，点击左上角的菜单按钮，可以查看其他区域的邮件，如草稿、已发送的邮件等（图 3 - 122）。

图 3 - 122

　　点击右上角的加号，选择写邮件，可以进入发邮件的界面。需要填写的有 3 项：收件人的邮件地址、邮件主题和正文，点击主题一栏的回形针按钮，可以把文件添加到邮件中作为附件发送（图 3 - 123）。

图 3 - 123

　　上图演示了给地址 shoujixuexi123@163.com 发了一封邮件，标题是「智能手机」，内容是「智能手机怎么用」，并且添加了一个文件作为附件，这时邮件已经编辑完成，点击右上角的发送就可以发送邮件。

3.2.5　娱乐活动

3.2.5.1　看视频

手机不光可以用来聊天、购物、办公，还有强大的娱乐在功能。目前有很多在线视频平台，在上面可以看到海量的电视剧、电影、综艺节目，定时守电视机前等电视剧的时代已经不复返了。在手机上看视频，想看什么就看什么，想什么时候看就什么时候看。国内主要的在线视频平台有乐视、爱奇艺、腾讯视频、搜狐视频等。这些视频平台都推出了安卓和 iOS 版的手机软件，安装后可以直接在线看视频。各家视频平台的主要区别在于内容不同，有的视频是独家的，在使用方面没有太大区别，并且 iOS 版本与安卓版本的使用差别很小，这里就以安卓平台为例，介绍乐视视频的使用方法。

乐视视频的界面如图 3－124 所示。

最常用的 3 个功能分别是搜索、历史记录和离线视频。当需要看视频时，直接在搜索栏输入想看的视频的名字，即可出现相关的视频列表。例如，我们输入「琅琊榜」，得到下面的结果（图 3－125）。

图 3－124

图 3－125

点击封面或者选择想看的集数就可以进入播放页面了（图 3－126）。

看视频会消耗大量流量，最好在连接了 WiFi 时看视频，如果想在没有 WiFi 的环境下观看，可以提前把想看的视频缓存在手机里，观看时就不需要花费手机流量了。缓存的方法很简单，在播放窗口的下方点击缓存，选择清晰度和集数，然后点击确定缓存即可（图 3－127、图 3－128）。

图 3 - 126

图 3 - 127

图 3 - 128

　　缓存了之后，点击主界面右上角的缓存图标，可以查看管理缓存。对于缓存完成的视频，点击可以播放，对于正在缓存的视频，点击可以暂停。点击右上角的编辑，可以删除缓存释放空间。

3.2.5.2　听音乐

　　在智能手机出现之前，听音乐都是先在电脑上下载，然后导入到 MP3 或者功能手机。

智能手机出现后，越来越多的人喜欢用手机听音乐，在线音乐服务开始流行，常用播放器软件都具有了在线听歌以及音乐下载功能，甚至已经出现了付费购买音乐的服务。网易云音乐就是一款专业的社交在线音乐软件，类似的选择还有虾米音乐、QQ 音乐、酷狗音乐、酷我音乐、天天动听、百度音乐等。

这里以网易云音乐为例，介绍如何用手机听音乐，网易云音乐 App 的首页如图 3 - 129 所示。

当要寻找一首歌时，直接在主页的搜索栏输入歌名，例如，输入「传奇」，搜索结果如图 3 - 130 所示。

图 3 - 129

图 3 - 130

点击歌名即可播放（图 3 - 131）。

图 3 - 131

按一下播放界面的胶片，可以显示歌词，收藏歌曲可以把歌曲加入到自己喜欢的歌曲列表，储存在云端，在其他手机登录自己的账号，可以同步歌单。下载按钮可以把音乐下载到手机上。

在线听音乐时如果使用移动流量，会消耗大量流量，网易云音乐提供了不使用流量在线听歌的开关选项。在主界面点击账号—设置，进入设置界面（图 3 - 132）。

建议将使用移动网络播放和下载的选项都设置为关闭状态。

网易云音乐可以根据用户的听歌行为，通过算法分析出用户的音乐喜好，如果找不到喜欢的音乐，不妨试试网易云音乐的每日歌曲推荐功能，在首页即可找到，每日更新，时常会有惊喜（图 3 - 134）。

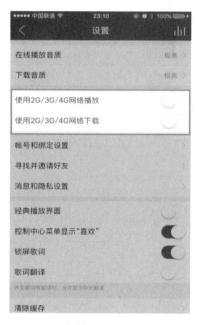

图 3 - 133

图 3 - 134

3.2.5.3　玩游戏

在 iOS 平台上，所有应用的安装都必须通过 App Store 进行，游戏也是，因此，对于苹果手机，游戏的安装与普通 App 没有区别，例如，我们要安装纪念碑谷，只要在 App Store 搜索即可，如图 3 - 135 所示。

对于安卓手机，下载游戏的方式就比较多样化了。可以在应用商店中下载，也可以在拇指玩等游戏下载平台下载。同样以纪念碑谷为例，可以在豌豆荚中下载（图 3 - 136）。

另一种推荐方法是在通过豌豆荚安装拇指玩，在拇指玩中下载游戏。拇指玩的界面如下，首页即可搜索游戏（图 3 - 137）。

还是以纪念碑谷为例，在首页搜索，得到的结果如图 3 - 138 所示。

图 3 - 135

图 3 - 136

图 3 - 137

图 3 - 138

　　大部分游戏下载都是免费的，但免费的游戏不一定真的可以免费玩，有的游戏中，会设置收费的关卡，付费才可以解锁，也有的游戏需要付费买高级的装备。建议读者合理游戏，不要沉迷其中，花费太多时间和金钱。

　　这里，推荐一些常见的休闲游戏，这些游戏都可以在豌豆荚或者拇指玩中下载。

开心消消乐（图 3-139）是一款消除类休闲游戏，拥有超过 600 个精心设计的关卡，及 5 大关卡类型。掉落收集、指定消除、限时关卡……在传统三消玩法基础上，还添加了多种任务目标，玩法更加丰富。30 多个新奇有趣的障碍，这些障碍不仅为关卡带来难度和挑战，也带来了不少趣味和惊喜，给玩家带来不断挑战的兴趣和更多成就感；10 余种炫目特效，配以悦耳音效，为玩家带来视觉和听觉的双重享受。

图 3-139

欢乐斗地主是腾讯公司推出的斗地主游戏，在保留了传统斗地主规则的同时，还增加了多种玩法，上手简单，毫无障碍，可以和网友以及朋友同台竞技（图 3-140）。

图 3-140

欢乐麻将也是腾讯推出的游戏，包含四川麻将、国标麻将、二人雀神、武汉麻将等多种模式，采用中国风的美术风格，临场感强，动画细腻流畅，赏心悦目（图 3-141）。

图 3-141

3.2.6 提速备份

3.2.6.1 手机提速

手机使用时间久了会越来越慢。尤其对于安卓手机，内存大小直接影响运行速度。因此要养成良好的手机使用习惯，及时清理内存，禁止自启动应用，删除残留垃圾，这样才能发挥手机最大性能。

前文我们提到过，程序运行完毕后，按返回或 HOME 键并不是关闭程序，只是将其切换到后台，程序其实还在运行，占用 CPU 又占用内存，不关闭，既费电又拖慢手机速度。我们一定要在使用后及时将其关闭，这样才能释放出其占有的内存。有些程序按返回键会提示是否退出，如果不提示，按菜单键，一般会找到退出选项（图 3-142）。

有些程序即使手动关闭了，还会残留一些进程继续占用我们宝贵的内存，这时就需要手动将其强行退出了。打开手机主菜单，选择"设置"＞"应用"，在这里能看到当前打开的所有应用和后台服务，根据自己的需求，关闭不需要的进程（图 3-143）。

图 3-142

图 3-143

如果你认为手动关闭麻烦，还可以安装第三方工具实现一键清理。这类第三方工具很多，如腾讯手机管家、百度卫士等。启动相应第三方工具，就能看到"手机加速"功能，点击加速，软件会自动将不用的程序关闭，释放更多的内存（图 3-144）。

有些程序，安装后会开机自动运行，这些自动运行的程序有些是必需的，如微信，开机不运行就不能实时收到好友的消息，但有些程序完全没有必要自动运行，我们需要手动将其剔除出开机自动运行名单。方法同样使用第三方安全工具的手机加速功能，里面有个设置自启动项的功能，打开后会看到所有自启动的程序，一一将其禁用，下次开机它们就不会自动运行了（3-145）。

图 3-144　　　　　　　　　　　　图 3-145

有时手机用久了，即使你经常清理内存，也禁止了不必要的程序自运行，手机速度还是很慢，我们就需要使用终极办法——恢复出厂设置。打开手机的设置菜单，找到"重置"，即可恢复出厂设置。恢复出厂设置后，手机内所有的应用、信息、电话簿都将被清空，手机恢复到刚买来时的状态（图 3-146）。

图 3-146

由于恢复出厂设置会删除所有信息，恢复前一定要做好备份，一般手机都有备份和恢复功能，可以将你的个人信息等资料备份到存储卡里（要保证存储卡有足够的剩余空间用于备份），恢复出厂设置后，再使用同样功能恢复回来即可。如果你手机没有这个功能，可以安装一款叫"钛备份"的 App，实现资料备份，也可以在电脑上安装 91 手机助手等手机管理软件，使用里面的备份功能备份资料（图 3 - 147）。

有些人说刷机也可以让手机恢复原来的速度，其实刷机后的手机和恢复出厂设置一样，都是将手机设置成最初始状态，但如果刷错了 ROM 包，手机速度有可能大不如前，甚至无法还原成原来的系统。刷机有风险，操作需谨慎。

3.2.6.2　通讯录备份

手机内最重要的数据可能就是联系人信息，通讯录需要及时备份，当手机损坏、丢失或更换时，

图 3 - 147

可以及时恢复通讯录。这里介绍一款可以把通讯录备份到云端的软件——QQ 同步助手（图 3 - 148）。

QQ 同步助手的使用非常简单，点击右边的大按钮，输入 QQ 账号进行登录（图 3 - 149）。

图 3 - 148

图 3 - 149

登录后，软件自动开始同步（图 3 - 150）。

同步完成后，联系人信息就存储在云端了，当手机通讯录丢失后，点击大按钮，即可从云端恢复通讯录，如图 3 - 151 所示。

图 3 - 150

图 3 - 151

3.2.7　增广见闻

介绍了常用 App 的使用，这里再推荐一些有趣好玩的 App。

3.2.7.1　美图秀秀

美图秀秀是一款图片增强应用，通过内置的滤镜和工具可以使手机拍出的照片更加精致美丽，能够实现人像美容、美化图片、拼图、分享等功能。

3.2.7.2　什么值得买

伴随着互联网的飞速发展，网上购物逐渐成为了网友们生活中不可分割的一部分。越来越多的网友开始尝试网购，如何能够无风险的买到好产品，是很多网友困惑的。"什么值得买"的目的是在帮助网友控制网购风险的同时，尽可能的介绍高性价比的网购产品。

具体来说，什么值得买希望帮助消费者更多的了解产品信息，更好的判断产品品质，确认什么东西值得买（图 3 - 153）。

3.2.7.3　开眼

开眼，是豌豆荚出品的一款精品短视频日报应用。每天为用户推荐精心挑选的短视频，它们可能是创意惊人的大牌广告，可能是鲜为人知的美丽风景，也可能是专业的美食攻略或有品位的穿衣指导（图 3 - 154）。

图 3 - 152

图 3 - 153

图 3 - 154

图 3 - 155

3.2.7.4 知乎

知乎是一个真实的网络问答社区,社区氛围友好与理性,连接各行各业的精英。用户分享着彼此的专业知识、经验和见解,为中文互联网源源不断地提供高质量的信息(图 3 - 155)。

3.2.7.5　最美应用

最美应用原为 Bri 用户体验的一个内部项目。2013 年 3 月 7 日开始，Bri 用户体验把此项目开放出来，通过互联网平台，每天为用户发送一款赏心悦目的移动互联网应用。此项目的目的是为互联网行业的产品经理、设计师和工程师收集那些最美应用。

所谓"最美"也许是视觉上的、交互上的、情感上的等。

而最美应用的"最美"，不仅仅是应用的视觉、交互和情感上的，更多的是应用整体上的"用户体验"和其"意义"上的"美"。

最美应用上推荐的应用来自五湖四海，包括国内外的 iOS，Android，Windows Phone 等各个平台（图 3 - 156）。

3.2.7.6　网易 Light

Light 是网易推出的一款全新资讯聚合产品，以更加轻盈的方式，将大千世界的趣闻、亮点推送到年轻受众的手机上。Light 摒弃了严肃论调，而将目光更多地投向了生活方式及各种趣闻。在这里，读者们可以发现热门电影、京城美食、小众旅行攻略、令人脑洞大开的神吐槽和意想不到的冷知识。每天，网易 Light 搜罗、精选各社交平台上最热门、最有趣的文字及图片内容，以早、晚报的形式推送给用户（图 3 - 157）。

图 3 - 156

图 3 - 157

第4章　手机上网

4.1　什么是互联网

4.1.1　互联网的概念

互联网究竟是什么呢？对于大部分人来说，互联网就是用来浏览新闻，观看视频，玩游戏，购物的工具。而对另一些人，如网络技术从业者来说，互联网则是各种宽带提供商，如中国电信、中国联通、中国移动等各种 ISP，甚至更基础的，认为互联网是不同的城市，甚至不同的大陆之间深埋的光纤与电缆。那么到底谁的看法正确呢？

回溯到互联网发展初期，1974 年，一些非常聪明的研究员想让不同的机器之间也能够"交谈"起来，也就是说能够相互传递信息，因此他们发明了一种协议叫做"TCP/IP"。这套协议定义了不同机器交流的规则，换个说法就是人类相互交流所用的语言，如中国人用汉语交流，就靠着汉语有一套完整的规则。靠着"TCP/IP"这套规则，不同的机器之间就能够交流了，然后随着科技的发展，越来越多的机器互相连接起来了。这个互相连接的网络变得越来越大，使用的人也越来越多，然后就变成了"互联网"。

4.1.2　网速与宽带提速降费

谈到互联网，就不得不说到网速。如果将互联网的流量比作水流，那么互联网的带宽就相当于每秒流过的水量。通常所说的带宽实际上是指通过您的互联网连接每秒所能发送的数据量。这是反映连接速度的一项指标。如今，凭借更先进的光纤，网络连接的速度可以更快，而且可以更好地在物理介质上进行信息编码。

显然，宽带的速度越高，电脑手机上网的体验就会更好，看视频，玩游戏，购物时的等待时间也就越短。令人高兴的是，在过去的几年里，电信业提速降费取得突破性进展。

国务院总理李克强曾 3 次督促，工业和信息化部也曾数次喊话。截至 2015 年 12 月 24 日，工业和信息化部表示，2015 年提速降费年度目标超额完成，其数据显示，截至 2015 年 10 月底，我国固定带宽资费水平比 2014 年年底下降 50.6％，移动流量平均资费水平下降 39.3％。可喜的是，提速降费 2016 年还将继续。2015 年 12 月 24 日，全国工业和信息化工作会议对 2016 年提速降费工作作出部署，制定了高速宽带网络建设和提速降费年度行动方案，力争 2016 年基本实现所有设区城市光纤网络全覆盖，20M 以上高速宽带用户比例超过 50％，4G 用户达到 6 亿户。

工业和信息化部还提出了提速降费的总目标，到 2017 年年底，所有地级以上城区家庭具备百兆光纤接入能力，4G 网络全面覆盖城市和乡村；直辖市和省会城市宽带接入速率达到 30Mbps，其他城市达 20Mbps；手机流量和固定宽带平均资费大幅下调。

4.1.3　手机上网

手机上网是指利用支持网络浏览器的手机通过 WAP 协议连接到互联网。互联网是一个令人着迷的高度技术化体系，但是对于大多数人来说，其实很容易使用，完全不必考虑其中所涉及的电缆和信号之类复杂的东西。所以能够看到，随着移动互联网的高速发展，现在利用手机上网变得越来越普遍，越来越容易。

根据中国互联网协会 2016 年 1 月 6 日发布《2015 中国互联网产业综述与 2016 发展趋势报告》，截至 2015 年 11 月，我国手机上网用户数已超过 9.05 亿，月户均移动互联网接入流量突破 366.5M。

但是互联网上的信息无比繁杂，如何从偌大的互联网上汲取有用的资料和信息呢？如作为农民，怎么才能掌握农业相关的政策与信息？在这过程中又该注意什么问题呢？更直接地说，互联网能用来干什么呢？下一节将详细地讲述这些问题。

4.2　互联网能干什么

4.2.1　了解国家大事

40 年前，中国人了解国家大事，是一群人热情高涨地聚在一起读《人民日报》；20 年前，中国人了解国家大事，是晚上 7 点必听的《新闻联播》；那么到了现在，移动互联网高速发展，中国人怎么去了解国家大事呢？

4.2.1.1　CCTV

大家经常看电视，很多人都喜欢看 CCTV 新闻频道，可以说，CCTV 新闻是国内首屈一指的官方媒体，它汇集了不少来自主流媒体，以弘扬社会正能量为核心的新闻报道。要想关注国家大事，可少不了 CCTV 新闻。接下来就讲讲怎么使用 CCTV 新闻。

首先在应用市场搜索"央视新闻"，点击下载并安装如图 4-1 所示。

图 4-1

之后在桌面上找到央视新闻，并打开它（图4-2）。

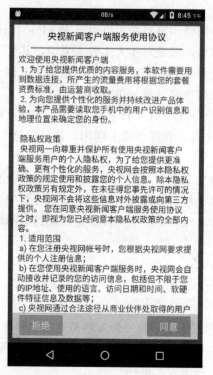

图4-2

可以看到"央视新闻客户端服务使用协议"，点击同意即可。接着就进入到右侧的"要闻"的界面，点击上方的"财政""体育""军事""看台湾"等即可查看相关的新闻（图4-3）。

图4-3

可以点击下方的时间链，按照时间排序查看新闻，也可以点击电视＋，查看 CCTV 央视新闻的直播等（图 4-4）。

图 4-4

4.2.1.2　人民网

人民网是世界十大报纸之一《人民日报》建设的以新闻为主的大型网上信息发布平台，是国家重点新闻网站，也是互联网上最大的中文新闻网站之一。人民网的版本很多，除了中文版，还包括 7 种少数民族语言及 9 种外文版本。

图 4-5

人民网用文字、图片、视频、微博、客户端等多种手段，每天 24 小时在第一时间向全球发布丰富多彩的信息，内容涉及政治、经济、社会、文化等各个领域，网民覆盖 200 多个国家和地区。

通过手机人民网来关注国家大事十分便利。图 4-5 是人民网提供的两种方式——可以选择在浏览器直接输入网址，也可以选择扫描二维码。

图 4-5 中也介绍了手机人民网的几大要点。可以关注最新的新闻，阅读人民网的相关报道、独家文章，也可以观看精彩的视频和优质的图片资讯。

首先来介绍手机人民网的界面以及操作。进入到手机人民网后，可以看到图 4-6 的界面。

手机人民网分了很多版块，如图 4-6 所示中的新闻、财经、军事、体育、娱乐、科技等。点击对应的标题，即可进入到相应的新闻版块。如关注一下军事相关的新闻，点击图 4-7 中的军事，即可看到很多军事新闻。

图 4-6

图 4-7

手机人民网还提供了导航的功能，点击右上角红色框起来的图标，即可进入图 4-8 的导航页面。

在这里，可以看到更细致的分类，点击感兴趣的标题，就可以浏览相应的新闻了。

4.2.1.3　其他媒体

除了央视新闻，人民网，还可以选择其他新闻媒体来了解国家大事，比如新浪、凤凰、网易、搜狐、腾讯、澎湃、今日头条等。以下以"网易新闻"为例，演示一下如何通过此类新闻客户端浏览新闻。其他媒体的新闻客户端操作类似。

首先在应用市场搜索下载安装"网易新闻"（图 4-9）。

图 4 - 8

图 4 - 9

　　然后在桌面上找到网易新闻的 App，点击图标打开，就可以看到网易新闻的主页
（图 4 - 10）。

　　和央视新闻类似，点击上边的小标题，如体育，娱乐等，就可以看到分类的新闻（图
4 - 11）。

图 4 - 10   图 4 - 11

此外，点击图 4 - 12 中，黑框框起来的下拉三角，可以看到所有的类目。

图 4 - 12

这里可以利用"长按"对栏目进行排序或删除，进而筛选出合乎阅读习惯的栏目组合。如图 4－13 所示，喜欢"头条""体育""科技""轻松一刻""军事""健康"这几个栏目，就可以将其他的不用的栏目按住，这时候栏目的左上角都出现了"×"，点击"×"删除不感兴趣的栏目。或者点击下方的栏目添加到上面去。最后完成的结果如图 4－14 所示。

图 4－13

图 4－14

这样就定制出了个人所喜爱的新闻组合。

4.2.2　了解农业大事

作为农民，最想先了解的就是与农业相关的信息。在我国的互联网上，与农业相关，最权威的网站应当是农业部网站，它是中华人民共和国农业部官方网站，所发布的信息具有极强的权威性。此外中国农业信息网、中国农村远程教育网也是非常好的农业信息获取渠道。

接下来详细地介绍一下这几个网站。

4.2.2.1　农业部网站

农业部网站由中华人民共和国农业部信息中心于 1996 年承办，主要具备新闻宣传、政务公开、网上办事、公众互动和综合信息服务等功能，是我国目前最具权威性和广泛影响的中国国家农业综合门户网站。

在浏览器的网址栏输入 www.moa.gov.cn，点击确认即可进入。进入网站后，将看到如图 4－15 所示的网页。

图 4 - 15

首先来大致了解一下农业部网站的结构，从而便于后续的浏览查看。网站的结构大致可以用如图 4 - 16 所示。

图 4 - 16

网站主要分信息公开，公共服务，互动交流三大块，每一块又有相应的若干小模块。以公共服务为例，这里分了在线办事、在线填报、批发市场、高产创建、质量安全、信息化建设、农事指导、会讯公告八大块。从它们各自的名称就可以看出相应的内容是什么类型了。

如点击在线办事，就可以看到（图 4 - 17）在线办事的页面。

图 4 - 17 中，1 区域是行政审批大厅的工作时间，2 区域是一些快捷的入口及投诉、咨询、监督电话，3 区域涵盖了各种类别的许可证，点击对应的类别，即可进入详细的办理流程，4 区域是一些场景窗口，可以按照自己的需要点进去了解一二。

更多栏目不再进行详细介绍，还请通过点击相应的栏目，进入对应的板块浏览、学习。

4.2.2.2　中国农村远程教育网

中国农村远程教育网，其实是中央农业广播电视学校的官方网站，是农民获取农业信息，学习农业技术，进行技术推广的重要渠道。

中央农业广播电视学校创建于 1980 年 12 月，是由农业部、财政部、中央人民广播电台等 21 个部委（或部门）联合举办，农业部主管的，集教育培训、技术推广、科学普及和信息传播等多种功能为一体的综合性农民教育培训机构。其主要承担中等学历教育、中专后继续教育、大专自考助学与合作高等教育以及绿色证书教育培训、新型农民科技培训、农村劳动力转移培训、创业培训、职业技能鉴定、各种实用技术培训和新闻宣传、信息服务、技术推广等任务。

可以通过访问 www.ngx.net.cn 进入农广校网站，进入后将看到如图 4 - 18 所示的网页。

图 4 - 17

图 4-18

　　该网站涵盖了相当多与学校相关的信息，其包含的板块详见（图 4-19），与农业息息相关的版块着重显示。

　　农广天地、农广之声是中国广大农村远程教育的精品，前者是其在 CCTV-7 开办的农民科技教育与培训栏目，播出了大量的具有科学性、系统性和实用性的节目，内容涉及种植、养殖、农产品加工、农业机械、农村能源、劳动力转移培训、生活服务等农民生产生活的各个方面，向广大农村传播农业科技知识，推广农业实用技术，提高农民朋友的科

图 4 - 19

技素质和生产技能；后者主要出品了《致富早班车》《三农早报》和《乡村大讲堂》三档栏目，主要围绕农民生产生活需求，宣传"三农"政策信息，传播农业科技知识、传授农业实用技术、倡导文明生活方式，广泛开展广播宣传教育服务，也广受农民朋友的欢迎和好评。

点击网络教育，进入农广在线。农广在线是面向全国农民科技教育机构、农民科教工作者、农技推广员、广大农民及涉农人士的专业服务平台，旨在围绕农科教大联合、产学研大协作，搭建教育培训、科研和技术推广机构、农业企业、广大农户交流互动的公共服务平台，打造教育培训、科学普及、技术推广和信息传播的公共服务平台。

农广在线以中央农广校丰富的媒体资源为基础，集农业科技信息资讯发布、远程教育培训、媒体资源传播、技术咨询及推广普及等综合服务为一体，开设了农技视频、农事广播、农业技术、农家书屋、远程教育、网上课堂、在线培训、卫星讲堂、专家咨询及网上直播 10 个频道、30 多个栏目，实现了农业视频、音频节目点播、图文形式农业技术资源、多媒体形式培训资源网上发布，以及基于互联网的远程培训、在线学习和咨询答疑等（图 4 - 20）。

4.2.2.3 中国农业信息网

中国农业信息网，同样由中华人民共和国农业部信息中心承建于 1996 年，主要为农户、涉农企业和广大社会用户，提供分行业、分品种、分区域的，与其生产经营活动以及生活密切相关的各类资讯信息及业务服务，是中国国家农业综合门户网站的重要组成部分。

在浏览器地址栏中输入 www.agri.cn 即可进入到中国农业信息网，进入后将看到如图 4 - 21 所示的网页。

图 4-20

图 4-21

中国农业信息网主要由市场、资讯、科技、生活、顾问、视频六大块组成，下述框图详细地描述了网站的整体结构（图4-22）。

市场	咨询	科技	生活	顾问	视频
批发市场	农业要闻	科技动态	消费警示	农事指南	
供求一站通	专家视角	实用技术	消费常识	农业百科	
市场动态	网上博览会	科技成果	健康食谱	农业标准	
监测预警	全国信息联播	信息化建设	乡村旅游	政策法规	农业相关视频
经济评述	专题专栏	新优品种	劳动力转移	卖难信箱	
分析预测	通知公告	农民致富	农村文化	12316	
网上展厅	气象农业	每周科普	土特产	专家咨询	
推介服务	会讯公告				
名优企业					

图4-22

网站主要分市场、咨询、科技、生活、顾问、视频六大块，每一块又有相应的若干小模块。以市场为例，这里分了批发市场、供求一站通、市场动态、监测预警、经济评述、分析预测、网上展厅、推介服务、名优企业九大块，从它们各自的名称可以看出相应的内容是什么类型。比如点击市场，可以看到如图4-23所示的界面。

图4-23展示了市场版块的详细信息。如1区域是选择品种、地方，2区域是批发市场，3区域是市场行情分析，4区域是价格行情等。可以按照自己的需要点进去了解一二。

更多栏目不再进行详细介绍，还请通过点击相应的栏目，进入对应的板块浏览、学习。

4.2.3　农业在线服务

接下来关注一下几个常见的话题，包括农业信息公开，农业法律、法规、规章的发布，农科讲堂等，本节将进行详细的介绍。

4.2.3.1　农业信息公开

信息公开是农业部网站的一大主要栏目。为全面贯彻落实《中华人民共和国政府信息公开条例》，按照《农业部信息公开规定》的要求与《农业部信息公开指南》，农业部应当主动公开以下15类信息：

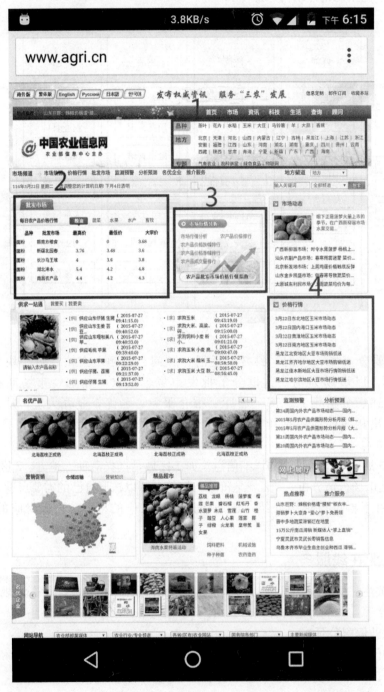

图 4 - 23

机构职能类	农业部机关司局级干部、部属单位主要负责人（部管干部）、中国农业科学院副院长任免，公务员录用的条件、结果等
人事管理类	农业部机关司局级干部、部属单位主要负责人（部管干部）、中国农业科学院副院长任免，公务员录用的条件、结果等
工作动态类	工作部署、重要会议、重大活动、行政通知等时效性较强的信息
政策法规类	农业部规章和规范性文件
征求意见类	农业农村经济发展规划、政策措施、规章草案、重大投资项目等重大决策事项出台前的意见征求
行政审批类	农业行政审批的设定、调整和取消，及其办事指南、申报指南和审批结果
规划计划类	农业农村经济发展战略、发展建设规划、年度计划及实施情况
项目管理类	重点农业基本建设投资项目、农业财政性专项资金和其他有关农业项目的组织申报、立项、实施、监督检查及招标采购情况
农业标准类	农业部发布的农业强制性标准和推荐性标准等
行政执法类	执法方案、执法活动及监督抽检结果等
统计信息类	农业农村经济年度综合统计信息、市场价格、行业统计信息和行业生产动态管理信息等
应急管理类	农业突发重大公共事件的应急预案、预警信息及应对情况
国际交流类	农业对外交流与合作相关信息等
建议提案类	全国人大代表建议、政协提案办理情况
其他类	其他

进入农业部网站后，点击信息公开，即可进入信息公开版面，如图4-24所示。

该版面上方共分首页、公开规定、公开指南、公开目录、申请公开、内容查询、年度报告几大版块。这里着重说两点。

（1）公开信息的检索

注意图4-24左侧的"分类结果导航"，在这里可以按照机构分类、主题分类分别进行公开信息的查阅。如机构分类，某人想了解农业部渔业局的公开信息，点击机构分类，选择农业部渔业局，即可看到该局公开的信息。按主题分类查询也是近似的流程。

（2）申请公开流程

根据《中华人民共和国政府信息公开条例》，自2008年5月1日起，除主动公开的信息外，公民、法人或者其他组织可以根据自身生产、生活、科研等特殊需要，向农业部申请获取相关信息。如某人有个人需求，可以通过农业部信息公开申请系统进行申请。图4-25是农业部信息公开申请流程图，此流程可作为参照。

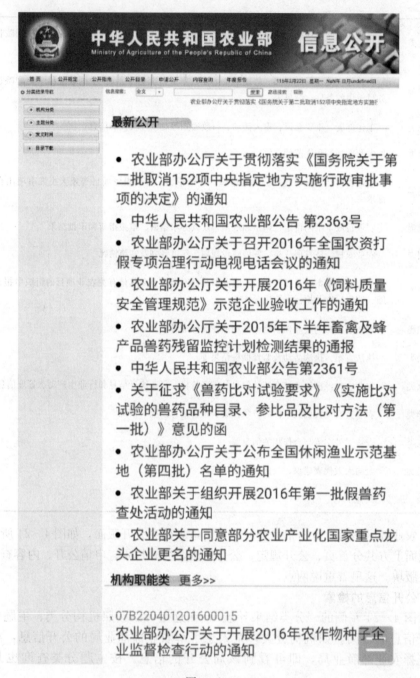

图 4 - 24

这里另举一例，以说明查询公开信息的过程。如某人想了解农业部在 2016 年是否有关于救灾备荒种子储备的公开消息那么应当遵循以下流程：

打开 www. moa. gov. cn，点击信息公开——内容查询，按图 4 - 26 填写相关信息。

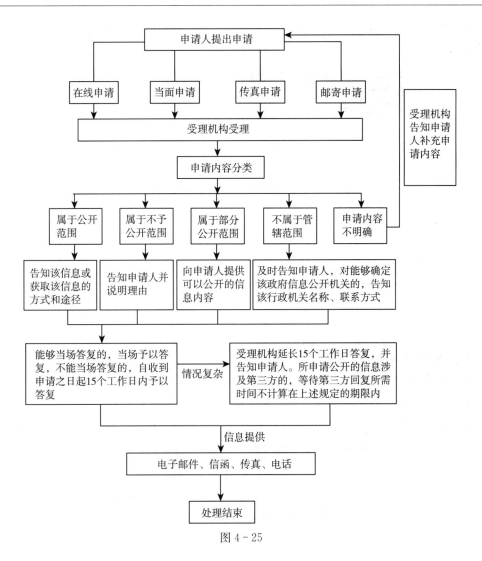

图 4 - 25

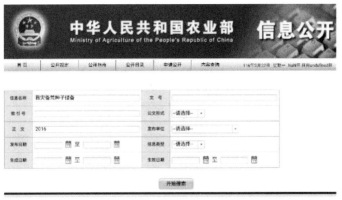

图 4 - 26

点击开始搜索即可得到查询结果如图4-27所示，可以看到查到了两条相关信息，点击进入即可查看详情。

图4-27

4.2.3.2 农业法律法规、规章

从事农业生产，最重要的是要遵守相关法律法规与规章。这一类信息也需要从农业部网站上获得。农业部网站和中国农业信息网都提供了法规政策栏目，以农业部网站为例，进入首页后，点击"政策法规"，即进入到农业相关的政策法律法规栏目（图4-28）。

图4-28

图4-28左侧政策法规导航栏部分，分为法律行政规定政策、农业部规章、强农惠农政策、其他部门涉农规章、地方规章、相关解读六大块，可以分别点击来了解农业相关的政策法规。

而以中国农业信息网为例，进入首页后，点击右上角"顾问"——"顾问中心"中的政策法规，即可看到以下页面（图4-29）。

图4-29

左侧政策法规导航栏部分也类似地分为法律法规、农业部规章、涉农部门规章、地方规章、相关解读、其他六大块，可以分别点击来了解农业相关的政策法规。

4.2.3.3　农科讲堂

按照《2015年农业部人才工作要点》和《2015年农业人事劳动工作要点》要求，为充分利用和发挥好全国农业远程教育平台教学手段先进、教学资源丰富等优势，农业部决定继续依托中央农业广播电视学校全国农业远程教育平台，举办网络大讲堂，大规模开展农业科技人员知识更新培训。

　　这一培训主要通过全国农业远程教育平台，聘请相关领域专家在北京的演播室授课，以卫星网、互联网同步直播的方式传送到全国各省（自治区、直辖市）农业广播电视学校系统，供相关人员学习。目前该培训已结束，但是培训视频仍然在网站上可以看到。到哪里去找到这些有用的培训视频呢？答案就在中国农业信息网。

　　在中国农业信息网首页（www.agri.cn），查找农科讲堂即可进入该栏目。如图4－30所示。

图4－30

网络大讲堂板块主要涵盖公告通知、直播课堂、课程预告、背景介绍、师资队伍、农科讲堂等内容。可以通过该网站提供的视频进行农科讲堂的课程学习。

4.3　电子支付

传统的支付形式，需要现金、银行卡、支票等实际金融物品的参与，一般来说过程会比较繁琐，如王某要将一笔钱转给张某，可以选择实际现金交易，这就需要双方见面接触；或者通过银行转账，俗称"打款"。这也需要到银行去一趟，由银行的工人员来完成相关业务，这又受限于银行的实际工作时间与业务能力。

这个时候电子支付出现了，电子支付的整个结算过程都借助互联网来完成。所以不需要实际见面，也不需要专门跑一趟银行，交易双方之间可采用网银、手机银行、电话银行、第三方支付等多种电子支付手段进行电子支付，用户只要拥有一台能上网的终端，便可足不出户，在很短的时间内完成整个支付过程。

电子支付可以完全突破时间和空间的限制，可以满足每周 7 天，每天 24 小时的支付需求，其效率之高是传统支付方式望尘莫及的。本小节将介绍一下常见的电子支付形式。

4.3.1　网上银行

网上银行是银行提供的电子支付服务之一，方便用户通过互联网享受综合性的个人银行服务，包括转账汇款、缴费支付、个人贷款等。来看看应该怎么看来进行操作[①]。

4.3.1.1　预备工作

要想使用网银，首先需要在银行柜台开通网上银行服务，然后银行的工作人员将会引导您激活网银，您会获得专属于您的用户名和密码，此外还会绑定您的手机号码用于接受各类提醒与短信。

为了保证您的交易安全，以及验证您的身份，通常会有以下一些验证手段。

（1）手机交易码

手机交易码服务是指您在网上银行交易确认过程中，用手机短信进行验证的一种交易认证方式。当您进行向第三方转账、自助缴费、网上支付、密码修改等操作时，将收到手机交易码短信。手机交易码由银行统一的客服号码发送，图 4-31 就是常见银行的客服号码。

银行	客服号码	银行	客服号码	银行	客服号码
中国工商银行	95588	中国农业银行	95599	上海浦发银行	95528
中国建设银行	95533	中信银行	95558	福建兴业银行	95561
中国银行	95566	中国民生银行	95568	广东发展银行	95508
招商银行	95555	华夏银行	95577	深圳发展银行	95501
中国交通银行	95559	中国光大银行	95595	中国邮政储蓄银行	95580

图 4-31

---

① 注：本节以中国银行为例，其他银行的操作大同小异，流程上是基本一致的。

谨记，手机交易码、验证码只有从对应银行的官方客服号码发来的才是真的，而且绝对不要将自己收到的手机交易码告诉他人，即使对方自称是银行或者政府部门的人。

交易码一般由 6 位数字组成。在需要使用手机交易码进行验证的网银或手机银行交易确认页面，设有手机交易码输入框和"获得交易码"按钮。点击"获得交易码"，即可收到一条银行客服号码发送的短信，在输入框中输入交易码即可完成交易。

（2）U 盾

U 盾是一种以 USBKey 为载体、内植数字证书、为国内外银行普遍采用的高级别安全认证工具。它内置微型智能卡处理器，通过数字证书对电子银行交易数据进行加密、解密和数字签名，确保电子银行交易保密和不可篡改，以及身份认证的唯一性。

图 4 - 32 是几种常见的网银 U 盾。

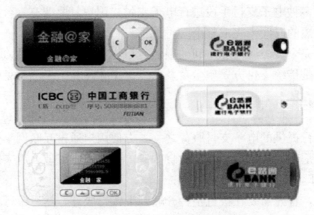

图 4 - 32

在开通网上银行时，银行一般会赠送您 U 盾作为您的身份认证工具，可以查看 U 盾附带的说明书学习如何使用。这里以中行的中银 e 盾为例，对流程进行简单的介绍。

将中银 U 盾插入计算机，系统会自动安装驱动。如未能自动安装，请打开"我的电脑→BOCNET 驱动盘"，点击 Setup.exe 进行手动安装（图 4 - 33）。

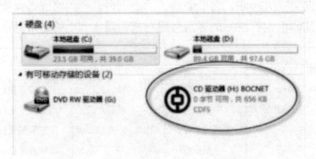

图 4 - 33

若操作系统为 64 位，请在中行网银登录页面下载并安装 USBKey 管理工具（64 位）见图 4 - 34。

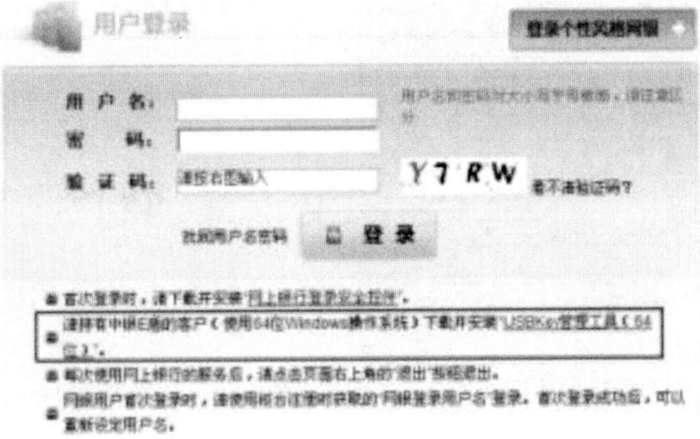

图 4-34

在安装过程中弹出如图 4-35 所示提示。

图 4-35

安装完成，弹出提示框，点击"确定"图 4-36。

图 4-36

如果计算机此前已经安装过中行网银 USBKey 数字安全证书管理工具，则插入 US-BKey 时，不会重复安装。

首次使用中银 e 盾时，系统会强制要求修改 USBKey 初始密码，USBKey 初始密码为：88888888。中银 e 盾密码是只用于该 USBKey 数字安全证书的密码，可设置为 8 位字符，可以包括数字、字母或符号，不能是顺序或是相同的字符。建议设置时与网银登录密码有所区别，以提高安全保护作用（图 4-37）。

修改成功后如图 4-38 所示提示。

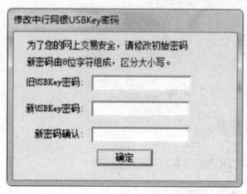

图 2-76　　　　　　　　　　　　　　　图 4-38

上文详细地描述了 U 盾的使用流程，按步骤操作即可。如有问题，可向柜台工作人员寻求帮助。

(3) 动态口令

动态口令是一种动态密码技术，简单地说，就是每次在网上银行进行资金交易时使用不同的密码，进行交易确认。不同银行都有推出不同的动态口令，但使用方法都是一样的，图 4-39 是一些常见的动态口令。

图 4-39

本文还是以中国银行推出的中银 e 令为例，进行一些相关知识的介绍。

中银 e 令（动态口令牌）是一种内置电源、密码生成芯片和显示屏、根据专门的算法每隔一定时间自动更新动态口令的专用硬件。基于该动态密码技术的系统又称一次一密（OTP）系统，即用户的身份验证密码是变化的，密码在使用过一次后就失效，下次使用时的密码是完全不同的新密码。作为一种重要的双因素认证工具，动态口令牌被广泛地运用于安全认证领域。动态口令牌可以大大提升网上银行的登录和交易安全。

中银 e 令的优点集中体现在安全和方便：一个口令在认证过程中只使用一次，下次认证时则更换使用另一个口令，使得不法分子难以仿冒合法用户的身份。中银 e 令的使用十分简单，无需安装驱动，无需连接电脑设备，实现了与电脑的完全物理隔离，并且用户也不需要记忆密码，只要根据网上银行系统的提示，输入动态口令牌当前显示的动态口令即可。

中银 e 令的动态口令每 60 秒随机更新一次，显示为 6 位数字。中银 e 令的有效使用时间为出厂后 3 年（失效日期标示于动态口令牌背面）。超过有效使用时间后，中银 e 令将自动失效，需要亲自携带有效身份证件到柜台换新。

（4）安全控件

网上银行为了保证安全性，在电脑上使用的时候还需要安装安全控件。接下来本文以中国银行为例，介绍一下如何安装安全控件。

访问中行门户网站（www.boc.cn），点击页面右侧的个人客户网银登录/个人贵宾网银登录框进入中行网银登录页面（图 4-40）。

图 4-40

点击网银登录页上的"网上银行登录安全控件"下载链接，然后根据向导提示进行下载（图 4-41a）。

图 4-41a

下载得到的程序叫做 SecEdit. BOC. exe，运行并安装它（图 4 - 41b）。

图 4 - 41b

安全控件安装完成后，系统会提示"立即重新启动电脑"，如果电脑未重新启动，请您手动将电脑进行重新启动操作。

4.3.1.2　网上转账汇款

使用网上银行可以很方便地进行转账汇款，以中国银行为例，首先登录个人网上银行，然后点击页面左上方的转账汇款（图 4 - 42）。

图 4 - 42

可以看到左侧有各种各样的转账汇款，如中国银行内转账汇款、跨行转账汇款、外币跨境汇款等。这里以跨行转账汇款为例进行演示，点击左侧的跨行转账汇款，进入到下方的页面（图 4 - 43）。

图 4 - 43

填写转入账户，收款人姓名，转入账户所属银行，开户行名称等相关信息，然后输入金额与手机号码，确认无误后，即刻点击下一步（图 4 - 44a）。

a

图 4 - 44

点击获取验证码，然后手机会收到一个 6 位的数字验证码，填进手机交易码中，然后查看中行 e 令，将上面显示的 6 位数字输入进去。点击确认，如果信息无误，就可以完成转账了。

这就是通过中国银行网上银行进行转账汇款的操作，其他银行的操作大同小异，如有疑问可向当地银行柜台询问，或者查询使用手册（图 4 - 44b）。

b

图 4 - 44

4.3.1.3　网银支付

在网上进行支付过程中，常常需要通过银联在线支付收银台跳转到某家银行的网银页面，按网银界面要求输入支付信息并完成支付。接下来以中国银行为例，演示一下网银支付的操作流程如下。

当需要付款时，常常会碰到如图 4 - 44b 所示的界面，选择网银支付。

这个时候选择"中国银行"，点击"到网上银行支付"，就会跳转到以下界面（图 4 - 45）。

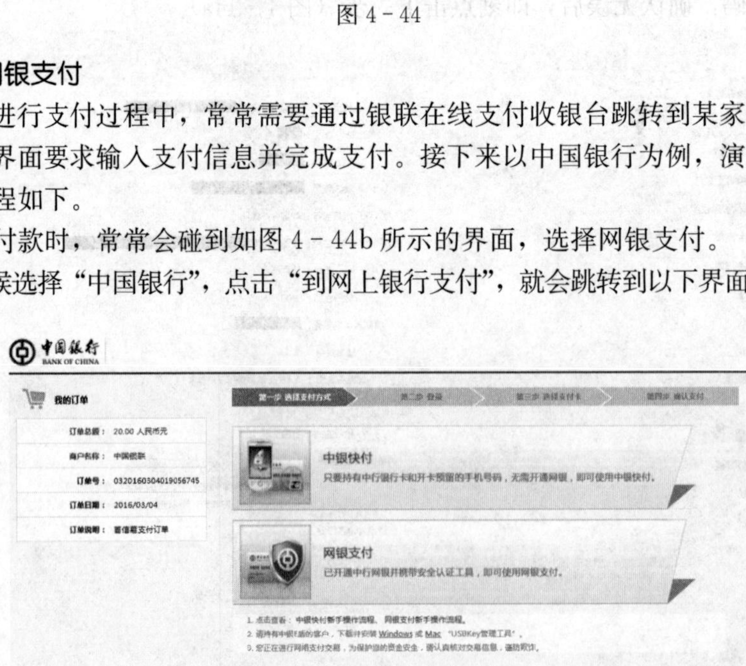

图 4 - 45

选择网银支付，跳转到以下界面。在网银用户名和网银密码中分别输入在银行开通网上银行时所设置的用户名和密码，点击确定（图 4 – 46）。

图 4 – 46

登录以后的待付款界面如图 4 – 47 所示。

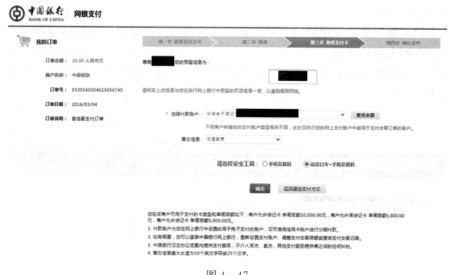

图 4 – 47

选择好付款账户，然后点击确定（图 4 – 48）。

点击获取验证码，然后手机会收到一个 6 位的数字验证码，填进手机交易码中，然后查看中行 e 令，将上面显示的 6 位数字输入进去。点击确认，如果信息无误，就可以完成付款了。

这就是通过中国银行网上银行进行付款的操作，其他银行的操作大同小异，如有疑问可向当地银行柜台询问，或者查询使用手册。

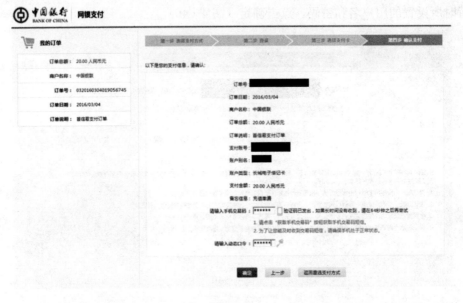

图 4-48

4.3.1.4　网上贷款

足不出户，在网上直接申请贷款，今天已经变为现实。这里以中国银行为例，演示一下应该怎么在网上申请贷款。

首先打开中国银行网上银行，登录个人网上银行。进入网上银行之后，首先进入的是欢迎页（图 4-49）。

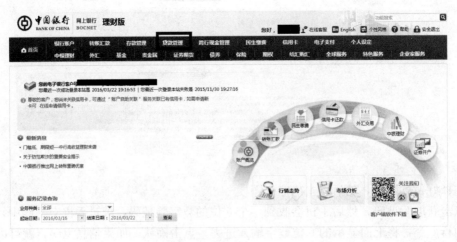

图 4-49

点击贷款管理（图 4-50）。

图 4 - 50

由于这个账户没有定期一本通账户，因此需要申请一个。点击定期一本通账户（图 4 - 51）。

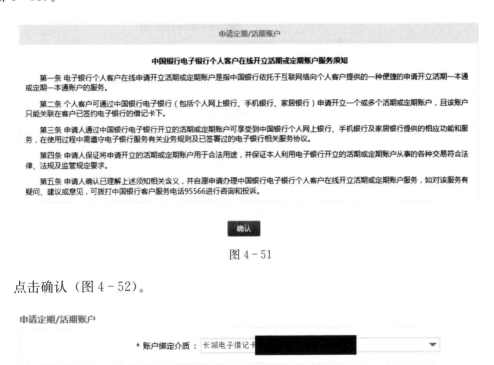

图 4 - 51

点击确认（图 4 - 52）。

图 4 - 52

点击下一步，绑定银行卡（图 4 - 53）。
选择开通账户类型，点击下一步（图 4 - 54）。

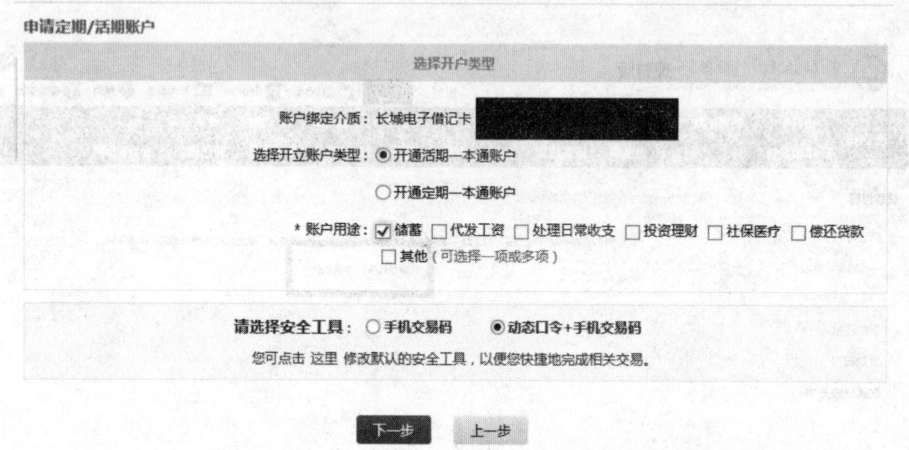

申请定期/活期账户

选择开户类型

账户绑定介质：长城电子借记卡 ▮▮▮▮▮▮▮▮

选择开立账户类型：◉ 开通活期—本通账户

　　　　　　　　 ○ 开通定期—本通账户

* 账户用途：☑ 储蓄　☐ 代发工资　☐ 处理日常收支　☐ 投资理财　☐ 社保医疗　☐ 偿还贷款

　　　　　　☐ 其他（可选择—项或多项）

请选择安全工具：○ 手机交易码　◉ 动态口令＋手机交易码

您可点击 这里 修改默认的安全工具，以便您快捷地完成相关交易。

下一步　　上一步

图 4 - 53

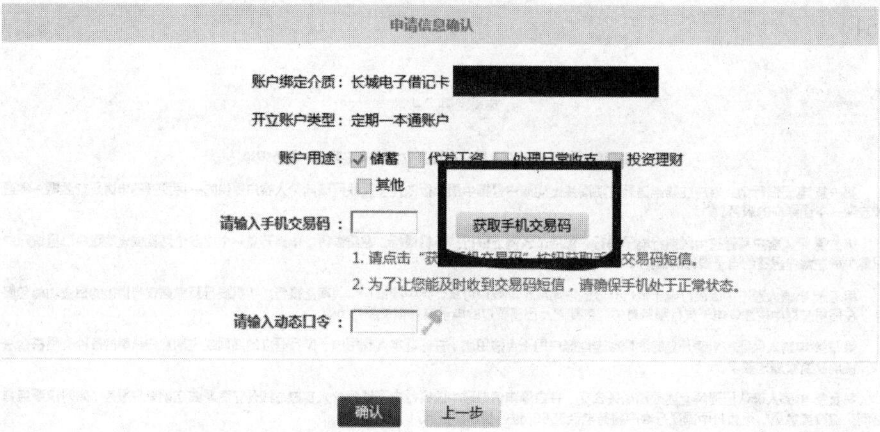

申请信息确认

账户绑定介质：长城电子借记卡 ▮▮▮▮▮▮▮▮

开立账户类型：定期—本通账户

账户用途：☑ 储蓄　☐ 代发工资　☐ 处理日常收支　☐ 投资理财

　　　　　☐ 其他

请输入手机交易码：[　　　]　　获取手机交易码

1. 请点击"获取手机交易码"按钮获取手机交易码短信。

2. 为了让您能及时收到交易码短信，请确保手机处于正常状态。

请输入动态口令：[　　　]🔑

确认　　上一步

图 4 - 54

点击获取手机交易码，查收短信并填写手机交易码，并输入动态口令，点击确认（图 4 - 55）。

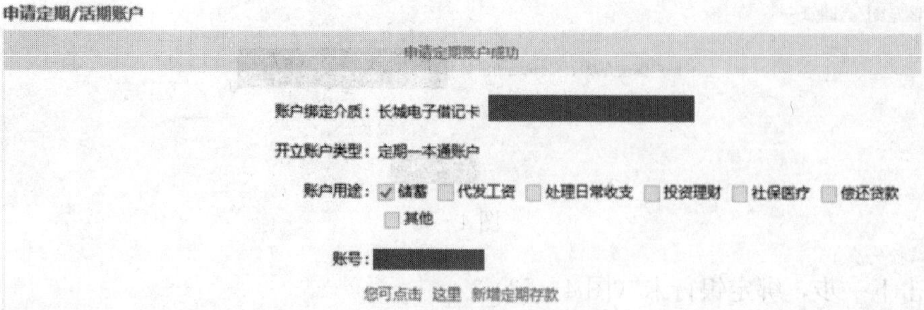

申请定期/活期账户

申请定期账户成功

账户绑定介质：长城电子借记卡 ▮▮▮▮▮▮▮▮

开立账户类型：定期—本通账户

账户用途：☑ 储蓄　☐ 代发工资　☐ 处理日常收支　☐ 投资理财　☐ 社保医疗　☐ 偿还贷款

　　　　　☐ 其他

账号：▮▮▮▮▮▮▮▮

您可点击 这里 新增定期存款

图 4 - 55

可以看到申请定期账户成功，如果您有其他的定期账户已经绑定在网银账户上，可以选择那些定期账号进行存款抵押贷款。

现在可以进行贷款了。点击页面上方的贷款管理（图4-56）。

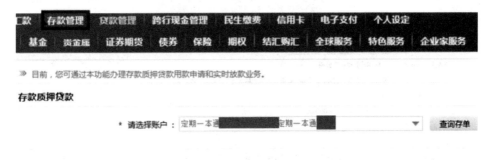

图4-56

选择好账户，点击查询存单，就可以查询到能够用于贷款的存单（图4-57）。

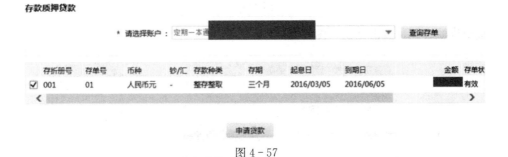

图4-57

选择某个存单用于抵押，然后点击申请贷款（图4-58）。

图4-58

填写贷款期限，金额，收取款账户，点击下一步（图 4－59）。

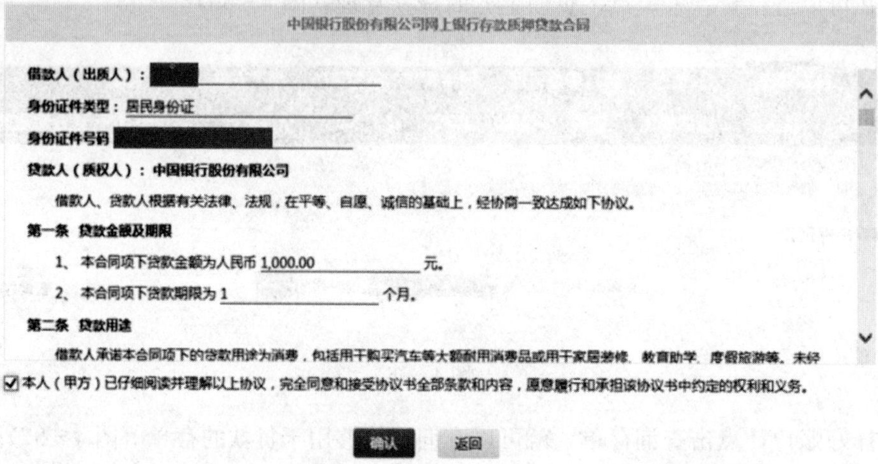

图 4－59

接受贷款合同，点击确认（图 4－60）。

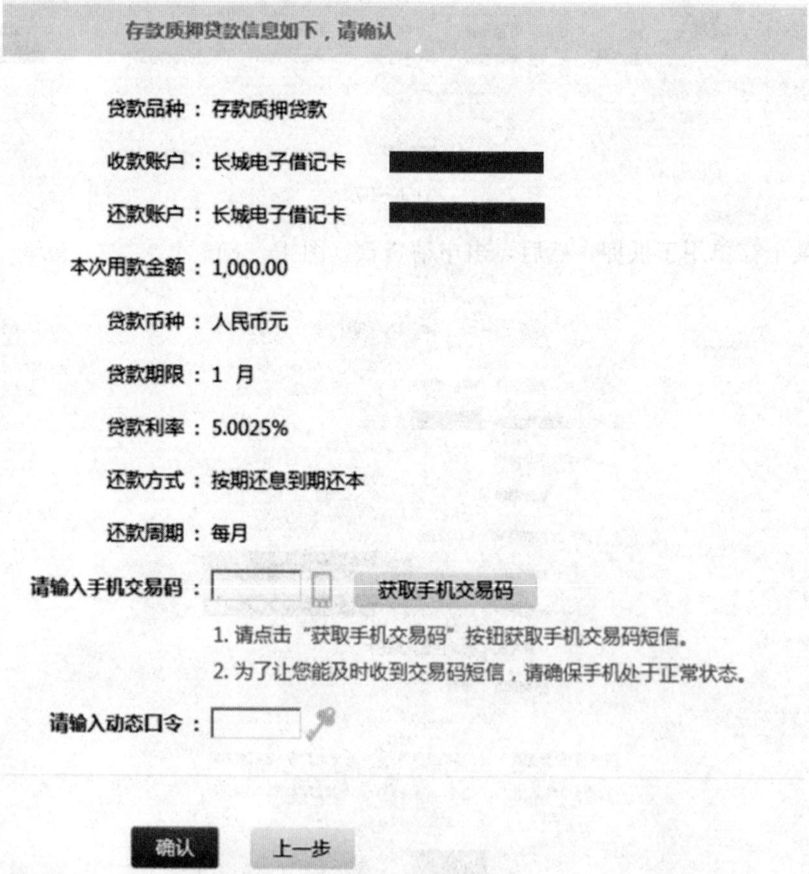

图 4－60

　　跟之前一样，获取到手机交易码，输入动态口令，点击确认，就可以完成网上贷款了。

4.3.2　手机银行

4.3.2.1　简介

　　手机银行是网上银行的衍生产品之一，凭借着强大的便利性，用户利用手机银行不论何时何地均能及时交易，节省了 ATM 机和银行窗口排队等候的时间。并且随着手机软硬件技术的快速发展，手机银行已经逐渐地由指代通过浏览器访问 WAP 版界面，转变成了基于 Android 或者 iOS 的移动用户端。

　　移动用户端提供了登录和使用手机银行的全新方式，与 WAP 版相比，用户端采用了更加精美的界面设计和更加友好的交互操作，在提供更便捷高效的服务体验同时，更能节省手机的上网流量。

4.3.2.2　安装与注册

　　这里本文通过中国银行的手机银行 App "中国银行手机银行" 进行演示，实际上不同银行的手机银行操作基本一致。

　　首先在应用商店里搜索并且下载安装好 "中国银行"（图 4 - 61）。

　　打开中国银行（图 4 - 62）。

图 4 - 61

　　为了使用手机银行，首先要进行注册，点击左上角的登陆，再点击自助注册（图 4 - 63）。

图 4 - 62

图 4 - 63

　　填写银行卡号、证件类型、证件号码、取款密码以及验证码，并选择同意《中国银行手机银行服务协议》，之后点击下一步（图 4 - 64）。

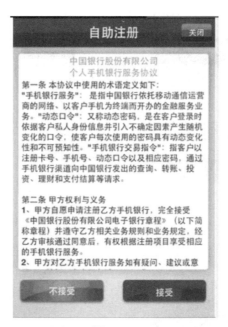

图 4 - 64

可以看到中国银行手机银行的服务协议,点击接受(图 4 - 65)。

接下来要填写自己的手机号码,并设置好密码,同时填写自己当时办理网银时的预留信息,点击获取,将手机收到的确认码填写好。然后点击确定(图 4 - 66)。

图 4 - 65　　　　　　　　　　　　　　　　　　图 4 - 66

根据提示已经注册好了中国银行的手机银行,点击完成就可以回到主界面了。

4.3.2.3　查询账户信息

首先登录手机银行,输入刚刚注册时的手机号、登录密码和验证码,点击登录(图 4 - 67)。

进入到手机银行的主界面了（图4-68）。

图4-67 图4-68

首先看看账户上还有多少钱，以及最近的交易信息。点击账户管理，接着点击我的账户（图4-69）。

可以看到这个账户里面有很多张卡和存折，来看看普通活期这张卡，点击它（图4-70）。

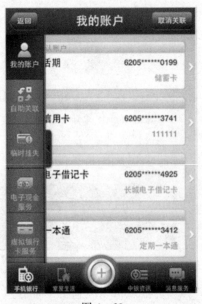

图4-69 图4-70

可以看到这张卡最近的交易信息，每笔交易都有记录，点击全部还可查看更多信息。

4.3.2.4　转账汇款

点击主界面上的转账汇款，可以来到这样一个界面（图 4-71）。

点击转出账户（图 4-72）。

图 4-71

图 4-72

可以看到图 4-72 中列出了一些常用的转出账户，比如这里从第一张卡转出，点击长城电子借记卡。

然后选择转入账户（图 4-73）。

图 4-73

这里要转给某位用户，点击新增收款人（图 4-74）。

填写好对方的账户信息后，点击确定（图 4 - 75）。

图 4 - 74   图 4 - 75

可以看到转出和转入账户都已经设置完毕，接着输入转账金额、附言以及手机号，这里可以将对方保存为常用收款人，以后就可以不用再重复添加信息，直接选择对方的账户就可以了。

所有信息都填写完毕后，点击立即执行（图 4 - 76）。

图 4 - 76

这是转账的全部信息，需要再次确认，点击确定（图 4 - 77）。

点击获取，输入手机收到的交易码，输入动态口令，点击确定（图 4 - 78）。

图 4 - 77　　　　　　　　　　　　　　　　　图 4 - 78

转账成功，这是一些确认信息，点击完成，即可结束本次转账。

手机银行还可以完成诸如存款管理、贷款管理、支付信用卡账单、购买理财与基金等更多的功能，快使用手机银行让您的生活更加方便吧。

4.3.3　电话银行

电话银行，顾名思义，就是通过电话使用银行提供的各种服务。通过电话这种现代化的通信工具，使用户不必去银行，无论何时何地，只要通过拨通电话银行的电话号码，就能够通过电话银行办理多种非现金交易。

这里选择中国银行的电话银行进行一些实际的演示。

4.3.3.1　开通电话银行

持本人有效身份证件、本人任意有效账户到所在地区中国银行网点办理电话银行签约，签约成功后即可使用中国银行 95566 电话银行。

在柜台开通电话银行时，须设置电话银行密码。一个客户只有一个电话银行签约密码，即同一客户下所有签约账户的电话银行密码唯一。

您可以通过电话银行自行修改电话银行密码，若您忘记电话银行密码，可持任意开通或关联电话银行的账户及开通电话银行时的有效身份证件，到柜台重置电话银行密码。

4.3.3.2　自助语音服务菜单

每一家银行的电话银行系统都有自己的自助语音服务菜单，中国银行的电话银行自助语音服务功能菜单如下（节选）：

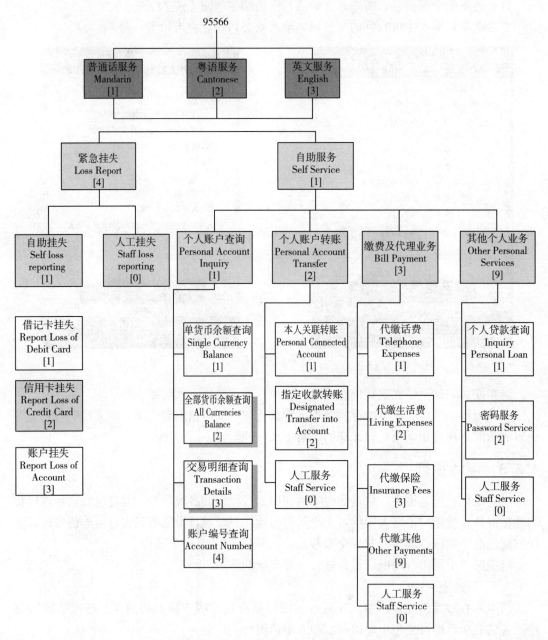

图 4 - 79

可以看到图 4 - 79 非常直观地表现了电话银行的操作流程，很显然，如果想查询余额，打通 95566 后，首先按 1 选择普通话服务，接着按 1 选择银行服务，接着按 1 选择自助服务，接着按 1 选择个人账户查询，然后按照自己的需求，选择 1 单货币查询或者 2 全部货币余额查询，全程中只需要听从电话中的提示，点击相应的按键即可。

此外，拨打 95566 后，如果不知道某项服务应该怎么操作，选择语种及银行服务后，可以直接按 0 键转接人工服务，也可以在交易或查询的过程中，按 0 转人工服务，然后等到银行的工作人员接听您的电话，直接帮您解答疑问。

注：该菜单仅适用于中国银行，如有变动，以电话语音为主，其他银行也请根据电话提示操作。

4.3.4 微信银行

随着微信变得越来越流行，银行也开始将目光投向微信平台。借助微信开放的公众平台消息接口，国内诸多银行退出了微信银行，或者叫做微信客服号。选择使用微信银行，可以避免另外安装一个手机银行 App，可以降低手机存储空间的占用。

这里将通过中国银行在微信开通的"中国银行微银行（bocebanking）"对微信银行的操作进行演示。其他银行的微信银行操作方式类似，可以举一反三。

4.3.4.1 关注微银行并绑定账户

首先打开手机微信客户端，在查找微信公众号一栏，输入"中国银行"进行查找，在搜索结果中选择"中国银行微银行"（图 4 - 80）。

进入中国银行微银行公众号详细页面后，点击"关注"进入（图 4 - 81）。

图 4 - 80

图 4 - 81

进入中国银行微银行的服务窗口后，先点击菜单栏中的"微金融"接着在弹出的选择项中点击"我的借记卡"（图 4 - 82）。

此时系统会发送来一条信息，接着点击"绑定及解绑设定"（图4-83）。

图4-82

图4-83

这是系统提醒您，您未绑定借记卡，因此需要点击"现在绑定"（图4-84）。填入银行卡，取款密码，验证码以及手机校验码，点击绑定（图4-85）。

图4-84

图4-85

系统提示借记卡绑定成功（图4-86）。

图 4 - 86

现在就可以使用微信银行提供的各种服务了。

4.3.4.2 功能介绍

中国银行的微信银行提供了微金融，微服务，微生活三大主菜单，其详情如图 4 - 87
所示。

图 4 - 87

主要关注一下"我的借记卡"这一子菜单。其他菜单的内容留待您您自行探索（提
示：点击微服务，功能介绍，会有关于微银行功能的精美介绍）。

点击"我的借记卡"，可以收到中国银行发来的消息提示（图 4 - 88）。

图 4 - 88

可以看到主要有"绑定及解绑设置""余额明细查询""到账通知设定"等几个功能。其中"绑定及解绑设置"已经了解过了,此处不再作介绍。

a) 余额明细查询

点击余额明细查询,将会跳转到中国银行微银行登录界面,输入您的"网银或手机银行用户名"和对应的"登录密码"进行登录即可(图 4 - 89)。

成功登录后,就可以看到这张卡的余额以及最近的交易明细(图 4 - 90)。

图 4 - 89

图 4 - 90

b）到账通知设定

可以设定是否开启到账提醒，如果设置打开，那么每有一笔交易发生，微银行都会发来提示。

点击"到账通知设定"，可以看到图 4 - 91。

图 4 - 91

如果不想要每一笔交易都提醒的话，点击上图中的红框，关掉就可以了。

4.3.5　第三方支付

在国内，大多数情况下，谈到支付就离不开银行，无论是付款，转账，很多情况下都是需要银行的参与。但随着金融、经济和技术的发展，第三方支付发展越来越快，隐隐有占据小额支付领域的趋势。本节就来介绍一下第三方支付。

4.3.5.1　什么是第三方支付

第三方，就是指除了用户，银行以外的第三者，如果没有第三方支付，用户和银行是直接进行交易，多了第三方支付以后，它就在中间起到了一定的补充和完善作用。

第三方支付本身集成了多种支付方式，其主要流程如下：

◇ 将银行账户中的钱充值到第三方支付账户。

◇ 在用户支付的时候通过第三方支付账户中的存款或者绑定银行卡等进行支付。

◇ 第三方支付账户中钱提现到银行账户，部分第三方支付收取手续费。

常见的第三方支付很多，如支付宝、银联、财付通、快钱支付等，但生活中更常用的是其开发出的产品，如阿里巴巴集团创办的"支付宝"，腾讯的微信事业群创办的"微信支付"，手机 QQ 部门创办的"QQ 钱包"。后二者采用的是财付通的支付通道。

接下来主要介绍最常用的支付宝和微信支付。

4.3.5.2 支付宝

(1) 支付宝账户注册

首先来了解一下如何进行支付宝账户注册，用手机登录支付宝，点击【新用户？立即注册】，如图4-92所示。

设置账户头像、昵称，输入手机号码和登录密码，【国家和地区】选择【中国大陆】，点击【密码框】旁的眼睛可查看明文密码，确认之后点击【注册】（图4-93）。

图4-92　　　　　　　　　　　　　　　　　　图4-93

确认手机号码，系统发送验证码短信（图4-94）。

图4-94

通过验证，设置支付密码（图4-95）。

注册成功（图4-96）。

图 4-95　　　　　　　　　　　　图 4-96

如果系统判断存在操作异常，在注册中需要通过安全验证（图 4-97）。

如果注册的账户密码和已有账户密码一致，可直接登录账户（图 4-98）。

图 4-97　　　　　　　　　　　　图 4-98

（2）绑定银行卡

为了借助支付宝进行消费，需要将银行卡开通快捷支付绑定到支付宝上来。开通快捷支付这部分工作需要在银行柜台完成，这里介绍如何将银行卡绑定到支付宝账户中。

手机登录支付宝，点击【我的】—【银行卡】（图4-99）。

点击页面右上角【＋】（图4-100）。

图4-99

图4-100

输入银行卡号，点击【下一步】（图4-101）。

填写相关信息，银行预留手机号码，点击【下一步】（图4-102）。

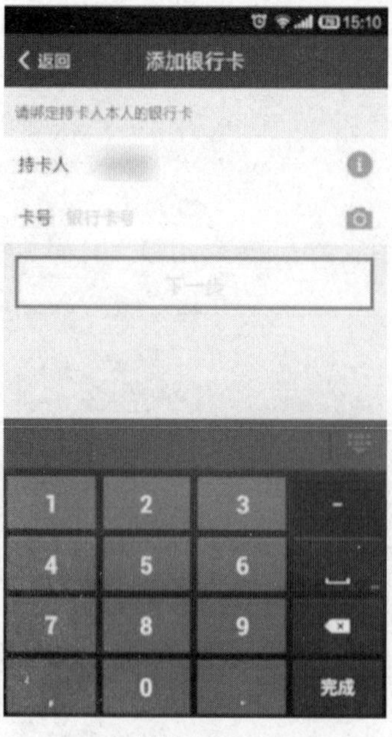

图4-101

图4-102

接收并填写校验码后，点击【下一步】（图4-103）。

点击【确定】完成快捷支付开通（图4-104）。

图4-103

图4-104

（3）实名认证

为了安全起见，需要对支付宝进行实名认证，以方便日后的消费，以及万一出现被盗情况时，可以有效地追回损失。

实名认证之前请绑定银行卡，然后手机登录支付宝，点击【我的】—账户信息栏（图4-105）。

图4-105

图4-106

点击【账户详情】区域（图 4-106）。

点击【身份信息】（图 4-107）。

点击【开始验证】（图 4-108）。

图 4-107

图 4-108

系统会随机显示账户已绑定的快捷银行卡中支持认证的一张银行卡，点击【确认实名认证】，实名认证成功（图 4-109）。

实名认证成功（图 4-110）。

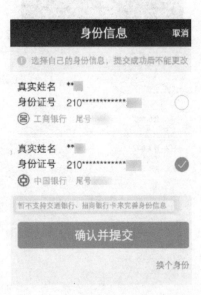

图 4-109

图 4-110

（4）余额宝

前文讲到，要想通过第三方支付进行消费，那么就要通过银行账户向支付宝账户充值，然后再去消费支付宝账户中的钱。但是支付宝账户中放着的钱是没有利息的。但如果开通了余额宝，那么零散的钱就有了收益。这里介绍操作的具体步骤。也就是说余额宝是支付宝打造的增值服务，把钱转入余额宝即购买了由天弘基金提供的余额宝货币基金，可获得收益。余额宝内的资金还能随时用于网购支付，灵活提取。

手机登录支付宝，点击【我的】，选择【余额宝】（图 4－111）。

点击【马上体验余额宝】（图 4－112）。

图 4－111　　　　　　　　　　　　　　　　图 4－112

输入转入金额，点击【确认转入】，选择银行卡支付即可（图 4－113）。

（5）提现

当支付宝账户中的钱很多，需要转到银行卡中时，就叫做提现。以下是提现的具体流程。

注意，余额宝转出到银行卡无需手续费。且日累计转出到卡超过 1 万且未绑定手机的账户，则账户必须先绑定手机才能继续操作。

手机登录支付宝，点击【我的】，选择【余额宝】（图 4－114）。

点击【转出】（图 4－115）。

可选择转出的银行卡，输入金额后，系统自动显示当前最快的到账时间，点击【确认转出】即可（图 4－116）。

图 4 - 113

图 4 - 114

图 4 - 115

图 4 - 116

(6) 转账

支付宝在账户之间转账是没有手续费的，而且非常方便，即时到账。对于一些小额的资金往来，使用支付宝进行转账是非常方便的。以下是转账的具体流程。

手机登录支付宝，点击【转账】(图 4 - 117)。

转账页面显示该账户最近转账的交易对象，点击头像可直接给该对象进行转账，或点击【转到支付宝账户】填写收款人账户（图4-118）。

图4-117

图4-118

填写收款方账户，点击【下一步】（图4-119）。

图4-119

图4-120

填写转账金额、选择付款方式，点击【确认转账】（图4-120）。

输入支付密码，点击【付款】，完成转账（图4-121）。

（7）红包

支付宝可以发送个人红包、群红包给朋友，下文就来讲述具体的发送和接收流程。

A）发送个人红包

手机登录支付宝，点击【红包】（图4-122）。

图4-121

图4-122

选择【个人红包】（图4-123）。

图4-123

图4-124

选择一个或多个朋友后点击【确定】（图 4 - 124）。

输入金额，可以选择【红包主题】，再点击【发红包】（图 4 - 125）。

输入支付密码（图 4 - 126）。

图 4 - 125

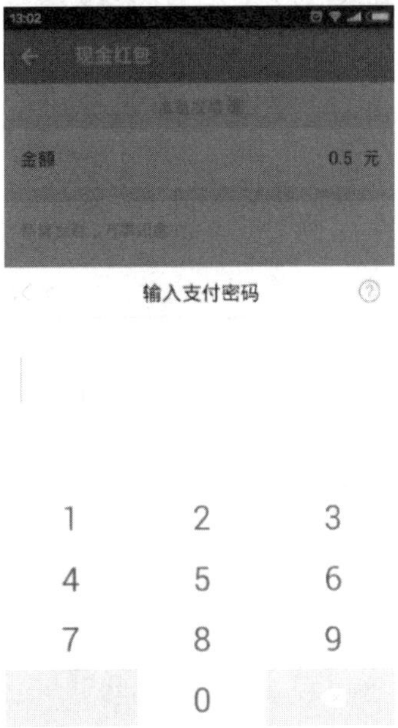

图 4 - 126

发送成功（图 4 - 127）。

图 4 - 127

B) 领取个人红包

接收方在支付宝 App—【朋友】点击朋友信息，点击领取红包（图 4 - 128）。
点击拆开红包（图 4 - 129）。

图 4 - 128

图 4 - 129

点击领取后金额转入领取者的支付宝账户余额（图 4 - 130）。

图 4 - 130

C）发送群红包

手机登录支付宝，点击【红包】选择【群红包】（图 4 - 131）。

输入要发送的红包金额和发送的红包个数，可以选择发送拼手气（每人抽到的金额随机）或普通红包（群里每人收到固定金额），系统默认拼手气红包（图 4 - 132）。

图 4 - 131

图 4 - 132

　　可以选择所有人可领、性别女可领、性别男可领，点击【发红包】，输入密码完成支付（图 4 - 133）。

　　包好红包后可以选择发送到支付宝朋友、生活圈、钉钉，还可以生成口令图片保存后分享到微信（图 4 - 134）。

图 4 - 133

图 4 - 134

分享后的页面如下：其中选择男女玩法，发送出去的红包信息上将带有美女/帅哥专享可领提示。

发送给支付宝朋友（图4-135）。

分享到支付宝生活圈（图4-136）。

图4-135

图4-136

生成口令，分享到微信：选择中文口令，用户可自行设置6～20个中文，选择数字口令，系统自动生成（图4-137）。

图4-137

图4-138

发送成功后，可点击【我的红包】（图 4 - 138）。

点击【我发出的】，可以在红包列表中看到红包发送记录，点击进入可以查看红包发送的详情：包括红包总金额、当前领取状态：已领取、领取中（对方已经拆开红包，但是受限红包金额尚未转入）、退回（过期未领取或受限等，资金退回给发送方）。

D）领取群红包

以发送到支付宝群为例，当群红包发出后，接收方在支付宝 App—【朋友】中，点击群信息（图 4 - 139）。

点击拆开红包（图 4 - 140）。

图 4 - 139

图 4 - 140

点击后打开支付宝 App 领取红包内金额，领取后金额转入领取者的支付宝账户余额（红包金额先到先得，领完为止），见图 4 - 141。

(8) 查看账单

支付宝账户和银行账户一样，也会产生各种消费，转入转出，那么如何进行账单的查询呢？下文就来讲述具体流程。

手机登录支付宝，点击左上角【账单】（图 4 - 142）。

进入账单后按月度显示交易记录，账单以创建时间先后进行排序（不区分交易状态），见图 4 - 143。

在【交易记录】页面点击右上角【筛选】，跳转到搜索页面。这里支持输入关键词搜索，系统将订单名称中包含关键词的所有订单以账单列表样式展示（图 4 - 144）。

图 4 - 141

图 4 - 142

图 4 - 143

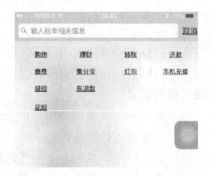

图 4 - 144

进入账单后按月度显示交易记录（图 4 - 145）。

点击【月账单】进入【记账本】当月报表（图 4 - 146）。

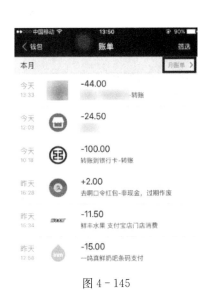

图 4-145

图 4-146

转账、还款、提现等业务点击后展示具体进度（图 4-147）。

账单详情页面点击【更多】会显示支付宝交易号、商家交易号（图 4-148）。

图 4-147

图 4-148

(9) 话费充值

通过支付宝充值电话费非常的方便，以下是操作流程。

在手机上登录支付宝，首页点击【手机充值】（图4-149）。

进入话费表单页，填写充值号码，选择充值金额，点击【立即充值】（图4-150）。

图4-149

图4-150

这里还可以给手机充值流量，当手机流量不够用时，流量充值简直太方便了。

进入付款详情页面，点击【确认付款】（图4-151）。

图4-151

图4-152

输入支付密码（图4-152）。

支付成功，充值完成（图4-153）。

4.3.5.3 微信支付

本文之前已经介绍过微信软件的使用了。作为社交软件的同时，微信支付也是第三方支付手段之一。这里将对微信支付的主要功能进行介绍。

微信支付是微信提供的一种金融服务，只要有微信，经过一定的设置程序就可以使用微信支付。

（1）绑定银行卡

为了借助微信支付进行消费，需要将银行卡开通快捷支付绑定到微信支付上来。开通快捷支付这部分工作需要在银行柜台完成，这里介绍如何将银行卡绑定到微信支付账户中。

手机登录微信，首先在微信主界面，点击我，选择钱包（图4-154）。

点击银行卡（图4-155）。

图4-153

图4-154

图4-155

点击添加银行卡（图4-156）。

如果是第一次开通微信支付，需要输入身份证信息，设置支付密码，根据微信提示操作即可。

接下来输入银行卡号和持卡人姓名（图4-157）。

图4-156

图4-157

输入银行预留手机号（图4-158）。

最后输入手机接收到的验证码即可绑定银行卡（图4-159）。

图4-158

图4-159

(2) 发红包

绑定银行卡后，就可以发红包了。在聊天界面，点击红包（图 4 - 160）。
输入红包金额和留言，完成后点击塞钱进红包（图 4 - 161）。

图 4 - 160   图 4 - 161

选择支付的银行卡，或者从零钱支付，输入支付密码后红包就发送成功（图 4 - 162）。
如果对方有领取红包，系统会提示您 ＊ ＊ ＊ 领取了你的红包（图 4 - 163）。

图 4 - 162

图 4 - 163

(3) 提现

当微信支付账户中的钱很多，需要转到银行卡中时，就叫做提现。以下是提现的具体流程。

注意：跟支付宝不同，目前微信支付转出到银行卡需要手续费（图4-164）。

手机登录微信，点击我，钱包，进入到我的钱包界面（图4-165）。

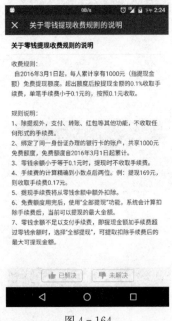

图4-164

图4-165

选择零钱，进入零钱界面（图4-166）。

图4-166

图4-167

点击提现，可以看到提现界面（图4-167）。

选择提现的银行卡，输入金额后，系统自动显示当前最快的到账时间，点击提现即可（图4-168）。

输入支付密码，会提示提现申请提交成功。只需等待即可（图4-169）。

图4-168

图4-169

（4）转账

微信支付账户之间转账是没有手续费的，而且非常方便，即时到账。对于一些小额的资金往来，使用微信支付进行转账是非常方便的。以下是转账的具体流程。

手机登录微信，点击我，钱包，进入到我的钱包界面（图4-170）。

图4-170

图4-171

点击转账。并点击打开通讯录，选择要转账的人（图4－171）。
输入转账金额，添加转账说明，点击转账（图4－172）。
输入支付密码（图4－173）。

图4－172

图4－173

系统提示转账成功（图4－174）。

图4－174

（5）话费充值

通过微信充值电话费非常的方便，以下是操作流程。

手机登录微信，点击我，钱包，进入到我的钱包界面（图 4-175）。
点击手机充值，可以看到充值界面（图 4-176）。

图 4-175　　　　　　　　　　　　　　图 4-176

输入要充值的电话号码，点击充值金额。这里以点击 30 元为例（图 4-177）。
输入支付密码（图 4-178）。

图 4-177　　　　　　　　　　　　　　图 4-178

系统提示充值成功。等待几分钟话费即可到账。

(6) 其他

微信支付和支付宝支付的操作体验较为相似，便于学习。为了方便大家解决微信支付使用的问题，这里提供一个自行搜索帮助文件的方法。

登录微信后，点击我—设置—关于微信—帮助与反馈，可以来到帮助中心（图 4 - 179）。

图 4 - 179

比如说有关于"微信支付"的问题，直接在搜索框中输入"微信支付"（图 4 - 180）。

图 4 - 180

可以看到有很多关于微信支付的问题，点击关心的问题，即可得到答案。

4.4　上网注意事项

随着人类社会的发展，现在已全面进入互联网时代。网络上充满了形形色色的信息和资讯，甚至很多新闻充斥着各种虚假事件，很多网帖隐藏着各种陷阱、骗局，很多"独家文章"传播着各种诽谤、谣言。如何在这复杂的网络环境中上网，且保证自己能够检索到正确的信息，不被虚假信息所蒙骗，不被居心叵测的骗子骗走钱财，保护好个人的隐私？且看本节——"上网注意事项"。

4.4.1　网上信息真实性

通过互联网人们各取所需，利用它不断地传递信息和获取信息，信息的内容包罗万象，繁复庞杂，但是这些信息是否就是真实的呢？

很遗憾，网上的很多信息都是虚假的，有些是发布者为了吸引眼球，有些是相关利益方为了利益发布的推广、软文、广告等，有些则是为了攻击竞争对手捏造的"事实"，甚至有些只是为了造成恐慌而发布的不实言论。

本节将对网络谣言进行介绍。

4.4.1.1　网络谣言简介

在中文语义中，"谣言"是个贬义词，它往往不是依据事实，而是凭空想象或根据主观意愿刻意编造的传言，制造这种传言的行为被称作"造谣"，传播这种传言的行为被称为“传谣”。由于谣言产生的根基往往不是以事实为依据，其真实性无从谈起。

具体到不同的情况，有的谣言一开始就是彻头彻尾谎言；也有原本是真实的事物，但由于在众人口中相传，偏离了最初的版本，变成不真实的谣言。

实际上，生活中，朋友圈、QQ空间、微博上、论坛里，几乎所有的能够传播信息的渠道中，都有数不胜数的谣言。特别是在某些重大的突发事件发生后，由于消息来源渠道不畅，很多情景会被断章取义，歪曲成各种所谓的“独家报道”“小道消息”“内幕消息”。这些谣言往往造成人民群众的恐慌，或者是使某些人利益受损。

4.4.1.2 常见网络谣言与应对

网络谣言，其实也是一种信息，但因为其不真实性，可以说网络谣言本质上是“信息假货”。现实生活中，消费者买到假货都会义愤填膺。同样的道理，每个网民实际上都是网络信息的消费者，对于网络谣言这种“信息假货”，理应有同仇敌忾的反应。如果明知是谣言，还去传播，那和穿着假货招摇过市一样不体面。而制造谣言的人，与制假售假的奸商，在道德判断面前，也是没有什么区别。

所以，不造谣不传谣，是做个中国好网民的基本前提，既要有素质，也要有能力。有素质是指，合格网民要有自觉抵制网络谣言的道德自觉与网络公德意识。有能力是指，在网络上合格的网民不单要有不制造谣言的自我约束能力，还要具备基本的鉴别网络谣言的能力。在未能验证与核实的可疑信息面前，至少克制住传播的欲望。不哗众取宠，也体现出中国好网民的素质。

这里介绍一下常见的网络谣言案例以及甄别办法。(转载自新华网)

◇ **套用公文样式，伪装权威来源**（图4－181）

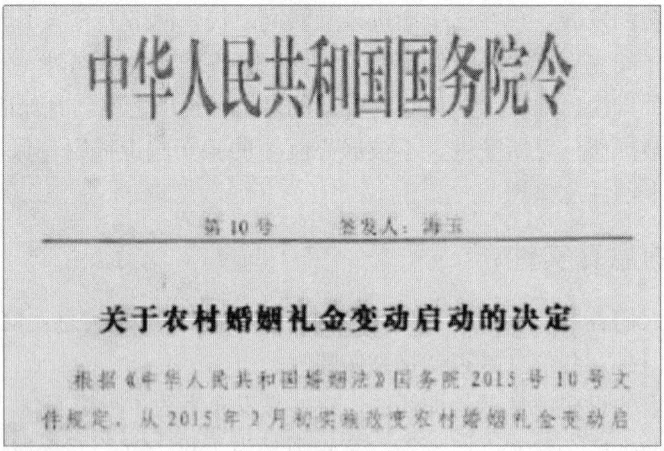

中华人民共和国国务院令

第10号　签发人：海玉

关于农村婚姻礼金变动启动的决定

根据《中华人民共和国婚姻法》国务院 2015 号 10 号文件规定，从 2015 年 2 月初实施改变农村婚姻礼金变动启

图4－181

谣言案例：2015年2月，朋友圈有消息称“根据国务院2015年2号文件规定，从2015年2月起实施农村婚姻礼金改革。如女方向男方索要礼金超过8万元，属人口买卖违法行为，根据《人口买卖倒卖法》可判刑5个月罚款5万元。”

甄别办法：①登录政府部门官方网站检索文件；②致电发文机关进行询问，根据文号在网上查询真伪；③核对发文机关标识、文件红头格式、政府公章、印发日期等细节。

◇ **捏造重大灾害事故，引发群众恐慌**（图 4-182）

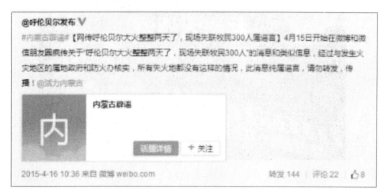

图 4-182

谣言案例：2015 年 4 月，有消息称"内蒙古呼伦贝尔大草原失火整整两天，已有 300 牧民失联"，引发网友关注。随后，呼伦贝尔市委宣传部在微博上及时回应，"呼伦贝尔失火"的消息纯属谣言。

甄别办法：①考察信息来源是否权威，图像是否真实；②以政府调查之后的统一发布消息为准；③也可直接通过"两微一端"向政府部门求证。

◇ **"伪科学"盛行，养生图书奇谈怪论**（图 4-183）

图 4-183

谣言案例：朋友圈中诸如"微波炉加热食品会致癌""吃麻辣烫感染 H799 病毒"等打着科学之名的谣言在互联网时代呈指数级传播。

甄别办法：①文章末尾是否列出参考文献，来源是否为专业期刊；②作者是否有相关领域的教育、从业背景；③若文中出现和实际生活经验相差甚多的说法，可到专业网站查询。

◇ **夸大事故后果，伪造死伤数据**（图 4-184）

图 4 - 184

谣言案例：天津港"8·12"爆炸事件中，5天内曾出现 27 个不同版本的谣言。如"方圆两公里内人员全部撤离""天津港爆炸死亡上千人"等。

甄别办法：灾难当前，我国政府始终高度关注和保护公民的生命财产安全，应相信政府的力量，勿传谣，勿偏信，拒绝个人恶意散布谣言给社会带来二次伤害。

◇ 借名人之口"煲鸡汤"（图 4 - 185）

图 4 - 185

谣言案例：2015 年 11 月，"顶尖企业家思维"微信公号冒用万达集团董事长王健林名义发布题为《王健林：淘宝不死，中国不富，活了电商，死了实体，日本孙正义坐收渔翁之利》的文章，在微信朋友圈推广传播。万达集团提起诉讼，索赔 1 000 万元。

甄别办法：鸡汤文章大都"只讲感情，不讲逻辑，思想偏激"，甚至企图用一句话总结人生哲理，一个故事概括整个人生。要有自己清醒的判断，保持独立的思维。

◇ 嫁接图片，随意解读警务工作（图 4 - 186）

图 4 - 186

　　谣言案例：2015 年 1 月，有报道称"沈阳皇姑区辉山路附近的一座破房子里发现数具死尸，有 30 多辆警车停在现场"。公安部刑事侦查局官方微博随后发布消息，警车是因执行其他任务在此待命，经核实此消息为谣言。

　　甄别办法：对于配有图片的消息，也应保持警惕和批判。①通过网络搜索，是否为盗用他人图片；②警车≠伤亡，切忌主观臆断、凭空想象。

　　◇ 旧贴重播，各式骗局赚足眼球（图 4 - 187）

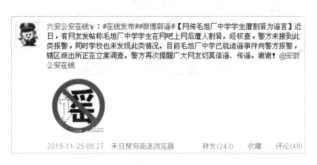

图 4 - 187

　　谣言案例：经常有网民发帖称"某中学生在网吧上网后遭人割肾""火车站被下迷药""军用望远镜中射出银针"等，这其实是发帖者恶意编造赚取关注的惯用伎俩。

　　甄别办法：①查询此类事件是否有多个版本；②是否有正规媒体报道与警方通报；③文中是否有明显逻辑漏洞。

　　◇ 国际突发新闻众说纷纭，扑朔迷离（图 4 - 188）

　　谣言案例：2014 年 3 月，马航客机失联事件引发国内外高度关注，"发现失联客机信号了""飞机迫降在海上，可能有人还活着"等一轮又一轮的网络谣言纷至沓来，混淆视听。

　　甄别办法：①查看消息源，搜索媒体官网并验证媒体机构信息；②采访记录中是否有详细受访人姓名；③离现场越近的消息源可信度越高；④国际性新闻以主流媒体官网为准。

图 4 - 188

◇ **断章取义，炒作新奇社会资讯**（图 4 - 189）

图 4 - 189

谣言案例：2015 年 1 月，湖南长沙常先生称，上幼儿园的小外甥前两天和同学打架，咬伤对方，对方的奶奶竟然剪掉了小外甥的四颗门牙。真相是，该男童患有慢性尖周炎，牙齿出血及断裂均是蛀牙造成的。

甄别办法：①针对同一事件是否有多方相关人员证实；②综合多家媒体对事件的报道，多角度全方位获取信息；③避免妄下定论，提升自己辨别信息的能力。

以上介绍了一些常见的谣言，网络上的谣言屡见不鲜，主动浏览一些关于谣言破解的资讯和网站很有好处。这里推荐几个渠道：

◇ 果壳网谣言粉碎机（http：//www.guokr.com/scientific/channel/fact/）

◇ 流言百科（http：//www.liuyanbaike.com/）

◇ 微博辟谣（http：//weibo.com/weibopiyao）

◇ 微博江宁公安在线（http：//weibo.com/njjnga）

◇ 微信公众号谣言过滤器（wx - yyglq）

◇ 微信公众号科普中国（Science _ China）

4.4.1.3　刑法依据

根据最新的刑法，编造虚假消息，传播谣言，诽谤他人已经是非常严重的犯罪行为。这里有相关的法条（节选）。

最高人民法院最高人民检察院

关于办理利用信息网络实施诽谤等刑事案件适用法律若干问题的解释

······

第一条具有下列情形之一的，应当认定为刑法第二百四十六条第一款规定的"捏造事实诽谤他人"：

（一）捏造损害他人名誉的事实，在信息网络上散布，或者组织、指使人员在信息网络上散布的；

（二）将信息网络上涉及他人的原始信息内容篡改为损害他人名誉的事实，在信息网络上散布，或者组织、指使人员在信息网络上散布的；

明知是捏造的损害他人名誉的事实，在信息网络上散布，情节恶劣的，以"捏造事实诽谤他人"论。

第二条利用信息网络诽谤他人，具有下列情形之一的，应当认定为刑法第二百四十六条第一款规定的"情节严重"：

（一）同一诽谤信息实际被点击、浏览次数达到五千次以上，或者被转发次数达到五百次以上的；

（二）造成被害人或者其近亲属精神失常、自残、自杀等严重后果的；

（三）二年内曾因诽谤受过行政处罚，又诽谤他人的；

（四）其他情节严重的情形。

第三条利用信息网络诽谤他人，具有下列情形之一的，应当认定为刑法第二百四十六条第二款规定的"严重危害社会秩序和国家利益"：

（一）引发群体性事件的；

（二）引发公共秩序混乱的；

（三）引发民族、宗教冲突的；

（四）诽谤多人，造成恶劣社会影响的；

（五）损害国家形象，严重危害国家利益的；

（六）造成恶劣国际影响的；

（七）其他严重危害社会秩序和国家利益的情形。

第四条一年内多次实施利用信息网络诽谤他人行为未经处理，诽谤信息实际被点击、浏览、转发次数累计计算构成犯罪的，应当依法定罪处罚。

第五条利用信息网络辱骂、恐吓他人，情节恶劣，破坏社会秩序的，依照刑法第二百九十三条第一款第（二）项的规定，以寻衅滋事罪定罪处罚。

编造虚假信息，或者明知是编造的虚假信息，在信息网络上散布，或者组织、指使人员在信息网络上散布，起哄闹事，造成公共秩序严重混乱的，依照刑法第二百九十三条第一款第（四）项的规定，以寻衅滋事罪定罪处罚。

中华人民共和国刑法修正案（三）

八、刑法第二百九十一条后增加一条，作为第二百九十一条之一："投放虚假的爆炸性、毒害性、放射性、传染病病原体等物质，或者编造爆炸威胁、生化威胁、放射威胁等恐怖信息，或者明知是编造的恐怖信息而故意传播，严重扰乱社会秩序的，处五年以下有期徒刑、拘役或者管制；造成严重后果的，处五年以上有期徒刑。"

中华人民共和国刑法修正案（九）

三十二、在刑法第二百九十一条之一中增加一款作为第二款："编造虚假的险情、疫情、灾情、警情，在信息网络或者其他媒体上传播，或者明知是上述虚假信息，故意在信息网络或者其他媒体上传播，严重扰乱社会秩序的，处三年以下有期徒刑、拘役或者管制；造成严重后果的，处三年以上七年以下有期徒刑。"

4.4.2　我的信息安全性

互联网给生活带来了巨大的便利，但是同时，各种网络侵权事件也层出不穷。网络时代，隐私被侵犯，资产受到侵害，这些问题已经是难以避免的毒瘤。本节就来讲述这些问题。

4.4.2.1　隐私安全——骚扰电话，垃圾短信

很多人可能没有隐私的概念，原始社会时期，社会的概念并不清晰，整个族群同吃同住，互相之间没有太多秘密可言，任何信息都是暴露在众目睽睽之下的。但是随着人类社会的进步，发展至今，人类社会已经非常在意隐私权这个概念了。

狭义地讲，隐私就是隐秘的个人信息。如住址、身份信息、电话号码、指纹、血型、上网时的浏览历史记录，在银行的存款信息，在淘宝购物时的购物信息。凡此种种，只要是与个人的生活息息相关，都可以主张为个人隐私，国家法律保障个人隐私不受侵犯。

但是实际生活中怎么样呢？个人隐私被严重的滥用了。最常见的就是两点，骚扰电话和垃圾短信。

（1）骚扰电话

骚扰电话是指未经电话持有者同意或请求，或者电话持有者明确表示拒绝，以拨打等方式向其发送商业性电子信息或其他违法犯罪信息的行为。带有推销、广告、涉嫌违法、涉嫌诈骗的陌生电话都可定义为骚扰电话。

常见的骚扰电话可以分为以下几类：响一声、广告推销类、房产中介类、涉嫌违法类、涉嫌诈骗类，图4-190是来源于《2014骚扰电话年度报告》的统计结果。

可以看到，骚扰电话覆盖了生活的方方面面，严重影响了平时的正常生活。

（2）垃圾短信

垃圾短信是指未经用户同意向用户发送的用户不愿意收到的短信息，或用户不能根据自己的意愿拒绝接收的短信息。

常见的垃圾短信有以下几类：

◇ 骚扰型：多为一些无聊的恶作剧，发送号码多为手机或小灵通号码。

◇ 欺诈型：此类短信多是想骗取用户的钱财，如中奖信息，发送号码多为手机或小灵通号码。

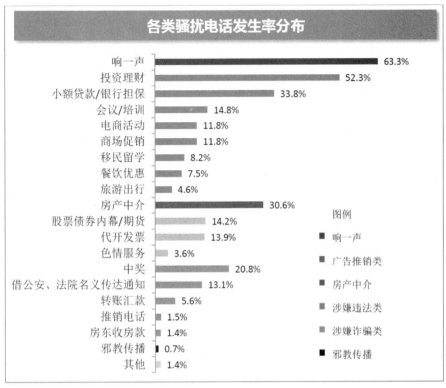

图 4 - 190

◇ 非法广告短信：如出售黑车、麻醉枪之类，发送号码多为手机或小灵通号码。

◇ SP 短信：短信业务提供商违规群发，误导用户订制短信业务，发送号码多为 SP 接入代码，一般为四位数字。发送号码不分网内网外，既有通过移动号码对联通用户发送的，也有外地联通号码对本区用户发送的。

◇ 诅咒型短信：此类短信多以让更多用户转发为目的而加以诅咒内容以威胁短信接收者按照其意愿来做出不自愿行为。

垃圾短信泛滥，已经严重影响到人们正常生活乃至社会稳定。

（3）防治措施

A）防

防范骚扰电话、垃圾短信的主要措施如下：

◇ 克服"贪利"思想，不要轻信，谨防上当。

◇ 不要轻易将自己或家人的身份、通讯信息等家庭、个人资料泄露给他人。

◇ 接到培训通知、领导名义的电话、中介类等信息时，要多做调查。

◇ 不要轻信涉及加害、举报、反洗钱等内容的陌生短信或电话。

◇ 对于广告"推销"特殊器材、违禁品的短信和电话，应不予理睬并及时清除，不要汇款购买。

B）治

对于骚扰电话和垃圾短信，建议使用一些软件进行拦截。以下分平台对拦截功能做一介绍。

◇ Android 手机

Android 手机厂商众多，大多数手机在出厂时就已经预装了拦截功能，对标记的黑名单号码拦截其来电和短信。如果对系统自带的拦截功能不够满意，还可以使用第三方软件，常见的有搜狗号码通、来电通、触宝电话、360 手机卫士、腾讯手机管家、百度手机卫士等。

在应用市场搜索以上软件的名称，下载安装后，默认配置下，软件就可以正常工作，拦截骚扰电话和垃圾短信了。

◇ iPhone 手机

iPhone 手机可对通话记录和短信发送号码进行阻止。具体来说，用户点开通话记录中的骚扰号码详细信息，或短信页面右上角的"联系人"进入详细信息页面，最下方有一项"阻止此来电号码"，选择后即可屏蔽该号码的所有来电和短信。

由于 iPhone 自带的骚扰拦截功能很弱，因此一般建议使用第三方软件。在 iOS 系统下，有搜狗号码通、360 手机卫士、触宝电话等可以进行骚扰电话和垃圾短信的拦截。这里以触宝电话为例，演示一下具体的流程。

在 App Store 搜索触宝电话，下载并安装（图 4 - 191）。

打开软件的时候，点击"立即体验"（图 4 - 192）。

图 4 - 191

图 4 - 192

跳转到防骚扰的设置界面，点击"开启骚扰识别"（图 4 - 193）。

点击"继续"（图 4 - 194）。

图 4 - 193

图 4 - 194

正在更新号码库，请等待（图 4 - 195）。

更新完成，点击确定（图 4 - 196）。

图 4 - 195

图 4 - 196

当有骚扰电话打进来就会有提示（图 4 - 197）。

图 4 - 197

4.4.2.2 资产安全——电信诈骗

（1）电信诈骗简介

电信诈骗是指犯罪分子通过电话、网络和短信方式，编造虚假信息，设置骗局，对受害人实施远程、非接触式诈骗，诱使受害人给犯罪分子打款或转账的犯罪行为（图 4 - 198）。

图 4 - 198

（2）电信诈骗的常用手段与特点

电信诈骗的主要手段包括电话、短信、QQ、微信、邮件、钓鱼网站、搜索引擎等，其中最主要的是电话诈骗，根据《腾讯 2015 年度互联网安全报告》（图 4 - 199），近 70％ 的电信诈骗通过电话来实施。

图 4 - 199

电信诈骗常常有以下几个特点

◇ **犯罪活动的蔓延性大，发展迅速**

犯罪分子往往利用人们趋利避害的心理通过编造虚假电话、短信地毯式地给群众发布虚假信息，在极短的时间内发布范围很广，侵害面很大，所以造成损失的面也很广。

◇ **信息诈骗手段翻新速度快**

从诈骗借口来讲，从最原始的中奖诈骗、消费信息发展到绑架、勒索、电话欠费、汽车退税等。犯罪分子总是能想出五花八门的各式各样的骗术。有的直接汇款诈骗，有的冒充电信人员、公安人员说你涉及贩毒、洗钱，公安机关要追究你等各种借口。骗术在不断花样翻新，翻新的频率很高，有的时候甚至一、两个月就产生新的骗术，令人防不胜防。

◇ **团伙作案，反侦查能力非常强**

犯罪团伙一般采取远程的、非接触式的诈骗，犯罪团伙内部组织很严密，他们采取企业化的运作，分工很细，有专人负责购买手机，有的专门负责开银行账户，有的负责拨打电话，有的负责转账。分工很细，下一道工序不知道上一道工序的情况。这也给公安机关的打击带来很大的困难。

◇ **跨国跨境犯罪比较突出**

有的不法分子在境内发布虚假信息骗境外的人，也有的常在境外发布短信到国内骗中国老百姓。还有境内外勾结连锁作案，隐蔽性很强，打击难度也很大。

（3）常见电信诈骗案例与应对

本文在这里介绍一些常见的电信诈骗骗术，并提供一些应对策略以防范电信诈骗（转载自人民网）。

◇ 盗取 QQ、微信，冒充亲友借钱

诈骗案例：骗子盗取 QQ 或微信冒充亲友，通过盗取的 QQ 或微信给事主发送信息，骗事主向其账户汇款。

应对策略：可以试探性地问一些彼此都很熟悉的事情，例如，对方家庭、个人经历等，如果还是不能确定真假，可以通过电话核实，这也是最直接的方法。

◇ 伪基站诈骗

诈骗案例：用伪基站冒充公检法、税务、社保、医保等号码，给事主电话或短信，告知事主您有一张法院传票或您的包裹内被查出毒品等，要求事主将钱款换到骗子提供的所谓"安全账户"。

应对策略：保持冷静，及时与家人、亲友商量。公安局。检察院、法院等国家机关工作人员履行公务时，应持法律手续当面询问并作笔录，不会通过电话或短信联系。

◇ 冒充亲属、同学、朋友求救

诈骗案例："我在外地发生车祸需手术费""子女在外遭绑架需交钱赎人"，骗子通过冒充亲属、同学或朋友向事主发送求救信息，骗取事主信任以后诱使事主给其银行转账骗取钱财。

应对策略：可通过公安、医院等部门了解真实性。即使一时无法确认，也不要贸然汇款。

◇ 冒充航空公司工作人员

诈骗案例：犯罪分子冒充航空公司工作人员，告知事主预定的航班因故障取消，以赔偿延误金为理由，让事主在 ATM 机按指示完成银行卡转账。

应对策略：一定要通过航空公司官方电话或者官方网站了解航班最新情况，而不是拨打短信里的电话。

◇ 冒充收款方

诈骗案例：犯罪分子冒充房东等收款方欺骗事主汇款，事主刚好在那个时点等账号汇款，一不小心，就会把短信内容误以为真。

应对策略：一定要仔细辨认，给真正的收款人打电话确认。

◇ 网络购物退款诈骗

诈骗案例：冒充网购平台客服，通知事主拍下的货品缺货，需要退款，要求事主提供银行卡号及动态密码等消息。

应对策略：退款根本不需要银行卡号，一般直接退到账号，更别说告知动态密码了。应保护好信用卡密码、有效期，及背面 3 位数字，若泄露，很可能被盗刷。

◇ 中奖诈骗

诈骗案例："恭喜您获得××公司十周年庆典抽奖活动一等奖。"不法分子以短信、网络、刮刮卡、电话等方式发送中奖信息，请对方领取大奖，不过预先缴纳手续费、快递费、公证费等各种费用。一旦市民将这些费用汇入指定的银行卡，对方就从此杳无音讯。

应对策略：如果根本没有参加过这类节目的报名就说明肯定是骗局，而且真的中奖并不需要先缴纳费用。只要对方要你提供银行卡信息，就应该多长个心眼。

◇ 钓鱼网站、二维码诈骗

诈骗案例：以降价、奖励为诱饵，要求网友打开假冒网站，或者带病毒的二维码加入会员，从而盗取网民的网银账号，骗取钱财。

应对策略：付款前确认正规的购物网站和支付平台，不可靠地方的二维码不要随便扫，扫码前再三确认。

◇ 冒充领导

诈骗案例："小×，你明天到我办公室来一下。"等事主心里惶恐的时候再打电话要求借钱或者转账。

应对策略：接到自称是"单位领导"的来电，切勿轻信。涉及巨额款项一定要主动打电话确认。

4.4.3　消费者权利和义务

4.4.3.1　维护健康网络环境

(1) 健康网络环境建设

随着信息技术的迅猛发展，"网络文化"对社会生产和生活的影响与日俱增。但是，网络在为广大网民提供沟通交流信息、自由表达意见的新途径的同时，也为各种虚假言论、流言蜚语的滋生提供了条件。

少部分网民法律意识淡薄，利用微博、微信、论坛等网络平台，炮制虚假新闻，故意歪曲事实，混淆是非，严重扰乱了网络秩序，影响了社会安全稳定。也有部分网站和网络运营企业受利益驱动，只顾经济利益而忽视社会与法律责任，客观上为网络造谣违法犯罪活动提供了温床。

网络虽然是一个自由言论的平台，但自由言论是有条件的，也就是文明、理性、客观，乱说、乱谈、乱论是要负责任的。网络社会虽然是虚拟社会，但仍然必须遵守法律底线，在网络上制造传播谣言，最终难逃法律严惩。所以，网民都应文明上网，理性发言，秉持社会责任，加强自我约束，抵制网络谣言，做一位负责任的网民。作为网站、论坛的管理者，要切实增强安全责任意识，积极引导网民树立平等有序的参与理念，加强对各类信息的甄别和监测，真正把好净化网络环境的第一道关口。

2013 年 8 月 10 日，在国家互联网信息办公室举办的"网络名人社会责任论坛"上，提出了网民应当遵守的七条原则，也就是七条底线。

◇ 法律法规底线

现实生活中，每个人都应该知法、懂法、守法、护法，以事实为依据，以法律为准绳。互联网是虚拟空间，有一定的隐匿性，但也要遵守相关法律法规。如果不遵守法律法规，互联网就会乱成一锅粥，成为一团乱麻。

◇ 社会主义制度底线

我国是社会主义国家，这是历史和人民选择的结果。坚守社会主义制度底线，是让我们的生活有秩序、平稳运行的需求。

◇ 国家利益底线

国家利益高于一切是每一个公民的应为之举。互联网没有国界，但网民有国界。对于那些以民主、自由的外衣试图颠覆我们政权的行为，要与之作坚决的斗争。爱国是最基本的信仰，我们应当自觉地坚守。

◇ 公民合法权益底线

公民合法权益底线是网络世界每一个网民公平、权益必须得到保证的要求。网络为公民合法权益维护打造了一个崭新的平台，利用这个平台，维护好自己的合法权益，同时我们也应该警惕某些人利用这个平台维护自己的非法权益。

◇ 社会公共秩序底线

网络虽然给了个人很大的空间和自由度，但它并不是没有任何约束的公共场所，不能认为这里没有互相监督和道德约束，可以随心所欲。网络与现实是互动的，网上不道德问题不仅影响网络的文明建设，而且会直接影响现实社会的进步与发展。所以，营造风清气正的公共秩序，需要所有人共同努力。

◇ 道德风尚底线

人是社会性的群体，只要有人的活动参与，就要受到人类社会各种道德伦理的约束，决不能借口网络世界的虚拟性、匿名性、相对性而漠视或否定网络道德。我们要努力强化网络主体的道德责任，提高对网络行为和网络文化的是非鉴别力，自觉抵制不良网络文化侵蚀；要依靠网络主体的理性、信念和内心自觉来自律。

◇ 信息真实性底线

对于信息而言，最忌讳的就是虚假信息。虚假信息跟真实信息在一起，鱼目混珠、鱼龙混杂，蒙蔽了人们的双眼，影响了人们对于信息真实性的判断。在一个传播多元的时代，无论是政府机构、大众媒体还是公民个人，所要做的是，共同抵制虚假有害信息、特别是恶意谣言的传播，大力倡导真实、文明的信息交换和流通，这是互联网时代的底线，也是人类文明持续健康向前发展的要求。

"七条底线"是一种社会规则，网民们应当共同遵守七条底线，共同维护健康有序的网络环境和社会秩序。

（2）不良信息举报

12321 网络不良与垃圾信息举报受理中心（以下简称 12321 举报中心）为中国互联网协会受工业和信息化部（原信息产业部）委托设立的举报受理机构。负责协助工业和信息化部承担关于互联网、移动电话网、固定电话网等各种形式信息通信网络及电信业务中不良与垃圾信息内容（包括电信企业向用户发送的虚假宣传信息）的举报受理、调查分析以及查处工作。

A）12321 举报中心职责

接收公众举报，净化网络环境，促进行业自律，维护网民权益。

B）举报人的权利和义务

所有中国公民均有权利和义务举报网络不良与垃圾信息。12321 举报中心将严格保护举报人的权益，不泄露举报人的任何个人信息。举报人应当实事求是，保证所举报内容与事实一致。故意捏造和歪曲事实举报将给不良信息治理带来困扰，造成的一切后果由举报人自行承担。

C）举报受理范围

关于互联网、电信网等各种形式信息通信网络及电信业务中不良与垃圾信息均可举报。主要包括：垃圾短信、骚扰电话、垃圾邮件、不良网站、不良 App、个人信息泄露等。

D）举报方式

◇ 12321 官方网站：www.12321.cn。

◇ 举报电话：010-12321。

◇ 微信：关注 12321 微信公众账号"12321 举报中心"，点击"我要举报"或直接发送文字、语音、截图举报。

◇ 微博：关注"12321 举报中心"，发送私信或@12321 举报中心进行举报。

◇ 举报垃圾短信：可发短信到 12321 这个 5 位短号码举报垃圾短信。在您要举报的短信内容前面手工输入被举报的号码（即垃圾短信发送人号码，这一点很重要），再加星号（＊号）隔开后面的短信内容，发送到 12321 这个 5 位短号码；关注 12321 举报中心微信公众账号截屏并提供接收方手机号；通过 App 客户端（限于安卓系统手机）如搜狗号码通、百度卫士、公信手机卫士、12321 举报助手等。

◇ 电子邮箱：abuse@12321.cn，举报垃圾邮件，请将垃圾邮件作为附件（eml 格式）转发至 abuse@12321.cn（不必修改标题）；通过邮件举报其他不良信息，请在邮件标题注明"举报"字样。

◇ 12321 举报助手 App：http://jbzs.12321.cn（目前仅支持安卓手机，可通过 12321 举报助手 App 举报垃圾短信和不良 App）

◇ 举报垃圾彩信：在您要举报的彩信"标题栏"输入被举报的号码，再加星号（＊号）隔开后面的彩信标题，然后发送到 12321。

4.4.3.2　保护合法个体权益

为保护消费者的合法权益，维护社会经济秩序，促进社会主义市场经济健康发展，全国人民代表大会常务委员会出台了《中华人民共和国消费者权益保护法》。

该法于 1993 年 10 月 31 日第八届全国人民代表大会常务委员会第四次会议通过；根据 2009 年 8 月 27 日第十一届全国人民代表大会常务委员会第十次会议《关于修改部分法律的决定》第一次修正；根据 2013 年 10 月 25 日第十二届全国人民代表大会常务委员会第五次会议《关于修改〈中华人民共和国消费者权益保护法〉的决定》第二次修正。

在最新的《消费者权益保护法》中，对于借助互联网进行消费进行了特别的修正。现对最新的《消费者权益保护法》进行解读。

（1）消费纠纷举证责任倒置

目前，消费者维权难主要表现在 4 个方面：一是市场缺诚信。经常出现消费者购货退还难，索赔更难，交涉过程中经营者有的不认账，有的拒绝退换，更谈不上惩罚性赔偿。二是诉讼举证难。三是维权成本高。四是精力耗不起。为解决消费者维权难、维权成本高的问题，新《消费者权益保护法》规定对部分商品和服务的举证责任进行倒置，消费者不用承担举证责任，避免了鉴定难、成本高、不专业等难题。

不过，消费者还要注意：一是该规则仅适用于机动车、计算机、电视机、电冰箱、空调器、洗衣机等耐用商品或者装饰装修等服务，其他商品或者服务出现瑕疵，仍然按照"谁主张谁举证"的规则，由消费者承担举证责任。二是该规则仅限于购买或者接受服务之日起 6 个月内发生的消费争议，超过 6 个月后，不再适用。三是举证责任倒置并非免除消费者的全部举证责任。

（2）无理由退货制度

无理由退货制度是指消费者退货时不需要任何理由，只要不喜欢就可以退货，这就给予了消费者单方解除合同的权利。当然，为平衡利益，运费由消费者承担，这也有利于促进消费者在退货时要理性。

但消费者需要注意的是，反悔权的适用有条件限制：一是仅适用于网络、电视、电话、邮购等远程购物方式，消费者直接到商店购买的物品，不适用该条规定。二是消费者定做的商品，鲜活易腐的商品，在线下载或者消费者拆封的音像制品、计算机软件等数字化商品，交付的报纸、期刊，也不适用该条规定。三是反悔权的期限为自消费者收到商品之日起七日内。四是这个制度规定的是"无理由退货"，而不是"无条件退货"，其实这一规定有一个条件，就是"消费者退货的商品应当完好"。

（3）消费公益诉讼制度

公益诉讼是特定的主体依照法律规定，为保障社会公共利益而提起的诉讼。不过，根据我国《民事诉讼法》第五十五条的规定，公益诉讼针对的是"侵害众多消费者合法权益"的群体性消费事件，单一消费事件，消费者只能自行提起民事诉讼。此外，对公益诉讼的主体资格也有一定的条件，否则，公益诉讼主体过滥会给社会公共利益造成不利影响。通常，公益诉讼的主体应当具有 3 种能力：第一，具有较强的诉讼能力，确保社会公共利益的实现。第二，具有支付律师费、案件受理费、司法鉴定费等项开支的能力。第三，具有赔偿能力。如申请财产保全，败诉后要承担因保全错误给被申请人造成的损失。因此，新《消费者权益保护法》对公益诉讼主体做出一定限制。根据新《消费者权益保护法》，对侵害众多消费者合法权益的行为，中国消费者协会以及在省（自治区、直辖市）设立的消费者协会，可以向人民法院提起诉讼。

（4）"退一赔三"制度

新《消费者权益保护法》第 55 条分别就经营者因欺诈造成消费者财产损失和因故意提供缺陷产品或者服务造成他人人身伤亡损害做出惩罚性赔偿的规定，将前者增加赔偿的金额由 1 倍提高到 3 倍，并且规定了最低赔偿金额 500 元，将后者增加赔偿的金额规定为所受损失 2 倍以下。需要注意的是：此"退一赔三"赔偿原则仅针对经营者存在欺诈消费者的行为。所谓欺诈消费者的行为，是指经营者在提供商品或者服务中，采取虚假或者其他不正当手段欺骗、误导消费者，使消费者的合法权益受到损害的行为。此外，依照我国《食品安全法》第 96 条的规定，经营者生产或者故意销售有毒有害食品，消费者除要求赔偿损失外，还可以向经营者要求支付价款 10 倍的赔偿金。这是因为有毒有害食品直接危害消费者的健康，所以对经营者的惩罚力度也就更大。对此，消费者在起诉时可以行使选择权。

第5章 "互联网＋农业"

互联网不仅可以便利社交、生活，更能够促进生产、经营活动，为群众服务，达到增产、增收的目的。那么当现代化农业邂逅互联网，我们的生产和生活方式会发生怎样的变化呢。

简而言之，互联网和物联网的发展能够大幅度推进智慧农业的进程，引导农业科学化、现代化；能够降低农资价格，影响农资供应商、销售商和农民之间的关系；能够提供更多的金融服务，便利农业贷款，增加农业贷款规模。

5.1 农业生产

农业生产是非常复杂的，也是可以非常便利的。不管是从事种植业、畜牧业，还是林业、渔业、副业的农民，都需要对自然条件、市场环境、科学技术等有深入的了解。传统的农业生产存在着诸多问题。

首先农业市场信息闭塞，农产品生产前没有科学的计划、预测导致生产过剩或者不足，既影响市场，制约农业发展，影响农民的生产热情。其次，生产技术落后，对科学技术改变农业生产方式的认识不足。再次缺乏科学管理手段、现代化程度低下对出口和内需要求了解不够，农业附加值低；而且产业发展结构不合理、产业化规模小、竞争力不强。

5.1.1 互联网促进农业生产

互联网可以在生产活动中，提供给我们更多的学习机会、市场信息和现代化的生产管理手段等。

5.1.2 如何在农业生产中应用互联网

5.1.2.1 12316 益农服务平台

益农服务平台是由农业部主导、中国电信承建的"全国信息进村入户总平台"的简称。它将云计算、物联网、3G 等通信技术应用于农业，在 3 个方面推进农村和农牧业的信息化发展：一是推进农业生产经营信息化。如推进云计算、物联网、4G 移动通信等技术在农业生产经营各环节的应用。二是推进农业服务信息化，依托全国农业系统公益服务统一专用号码 12316，推动建设国家、省两级"三农"综合信息服务平台。三是推进农业电子政务。如农业资源管理、农业行业管理、农业综合执法、农产品质量安全监管、农业应急指挥等领域的信息化建设。

（1）益农服务平台介绍

益农服务平台（图 5-1）是农户获取服务的第一界面，通过开展农业公益服务、便民服务、电子商务服务、培训体验服务来提升农户信息获取能力、致富增收能力、社会参与能力和自我发展能力。为农户解决农业生产和日常生活中的问题，实现小户不出村、大户不出户就可享受到便捷、经济、高效的生活信息服务。益农服务平台通过线上电脑、手机，以及线下益农信息社来实现整体联动，以完善的公益服务体系，丰富的便民服务内容来推进电子商务进村落地，从而提升农民线下体验效果。

图 5-1

(2) 益农服务平台功能介绍（图 5-2）

图 5-2

A) 信息及资讯功能（农业资讯）

益农服务平台实时发布的国家及地方的政策信息、村务通知、农资和农产品买卖信息、生活资讯等各类益农信息，农民打开手机即可查阅。提供最新的与农业部门或种养殖大户息息相关的本地农村政策、农业气象、农业科技、市场行情以及涉农信息等内容，让高价值农业信息快速、准确和及时的传递到千万农户中（图 5－3）。

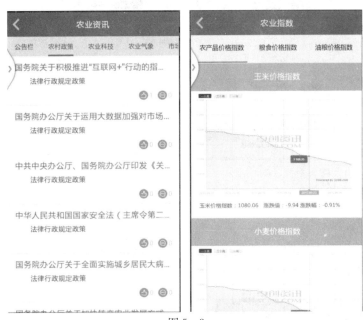

图 5－3

B) 商品交易（找宝贝、买农资）

益农服务平台提供网上商城代购，为农户代购生活用品及农资产品，并帮助农户售卖自家农产品（图 5－4）。

图 5-4

C) 便民服务

益农服务平台可以提供电话费代充值、火车票/汽车票代订购、小额取现、快递收寄、购买保险、代缴水电煤气费等便民服务（图 5-5）。

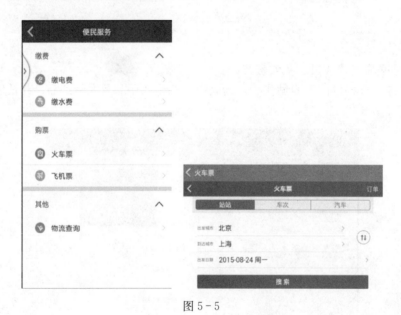

图 5-5

5.1.2.2 农技宝

农技宝是在农业部的指导下，由中国农业科学院和中国电信联合设计研发的一款农业信息化产品，方便管理者与农技专家之间、农技专家和农户之间快捷地实现农技推广服务管理、农户圈交流互动、农事预警、农技知识分享等应用综合信息服务（图 5-6）。

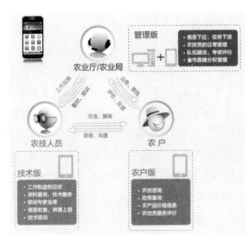

图 5-6

5.1.2.3　看天气

天气与我们的生活息息相关，及时准确地获取天气信息对于农业生产尤其有重大意义。很多手机出厂时都内置天气软件，天气软件的使用都大同小异，设置位置即可查看该位置的天气信息，区别在于不同软件对于天气的展示方式不同。这里以墨迹天气为例，介绍怎样在手机上查看天气。

（1）如何看天气

打开墨迹天气，软件会默认进行定位，展示当前位置的天气信息。如图 5-7 所示。

首页展示当前以及今明两天的温度和天气，点击「今天」或者「明天」可以查看其他日期的天气预报（图 5-8）。

图 5-7

图 5-8

（2）天气软件功能

在首页点击当前的气温，可以查看其他天气信息，比如紫外线、气压、湿度等（图5-9）。

实际上墨迹天气可以查看多个地点的天气,通过墨迹天气就可以知道远方的亲朋好友那里现在是何种天气了。点击软件首页左上角的图标,进入位置管理页面,点击右上角的加号,就可以添加位置了(图5-10)。

5.1.2.4　农产品溯源

"民以食为天,国以农为本",农产品是人类赖以生存发展的物质基础,农产品的质量安全是关系人类健康的关键。党中央、国务院历来把保护人民群众身体健康和生命安全放在第一位,全面提高农产品安全水平已成为一项全局性的战略任务。

面对复杂的食品安全现状,消费者选择农产品,最希望了解的是农产品的质量安全问题并核实这些信息。随着食品安全问题越来越受到重视,溯源系统逐步建立并完善起来。溯源系统可以实现产品从原料到成品的追溯功能,能够在生产中提供科学管理,而且基于消费者对可追溯产品的信任,农产品的市场定位将得到提升,价格也随之升高。而且,一旦发生相关事故,监管人员就能够通过该系统判断生产、流通环节是否存在过失行为,使问题得到更快解决。如消费者可以通过国家食品安全追溯平台查询信息、投诉质量问题等。

图5-9

图5-10

另一方面,传统耕种只能凭经验施肥灌溉,不仅浪费大量的人力物力,也对环境保护与水土保持构成严重威胁,现在依靠互联网、物联网技术,可以使种植、养殖变得更加科学、精确,大大提高生产管理效率,节省人工。下面以中国电信农产品溯源系统为例,讲讲如何利用互联网和物联网提高农业生产水平。

(1)农产品溯源系统

中国电信农产品溯源系统,增加了农产品从"田间到餐桌"各个环节的透明度,提供给企业和农户展示优良产品的窗口,助力企业和农户打造绿色安全的农业品牌(图5-11)。

中国电信农产品溯源系统可利用自身标准化种植流程,采集农作物关键生长期的图片信息、环境数据、肥料使用记录、农药使用记录等,生成丰富的产品档案。而且操作简单,溯源档案生成便捷:产品档案的环境数据可通过智能采集器以及物联网设备进行自动采集上传;用户只需根据溯源系统的标准化种植流程进行操作,即可生成档案信息。在系

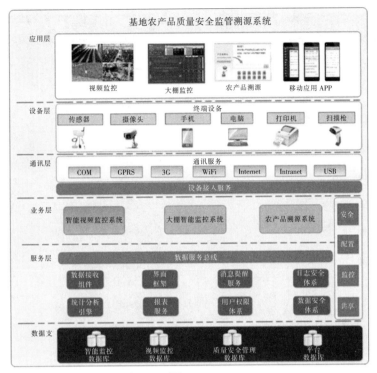

图 5-11

统架构上采用 B/S、C/S 和手机 App 混合架构，集成了 RFID 各类读写设备，采用电信技术和多种无线通讯结合的方式，开发平板、电脑、智能手机移动终端综合应用，扩展了溯源系统的适应性。

溯源系统为物联网智能监控系统开发手机App，通过 App 可以实时查看物联网设备监测的土壤温湿度、空气温湿度等信息，同时能进行档案填报等操作（图 5-12）。

（2）农产品溯源系统功能

A）环境实时监测

在实时监测部分，客户可以集中式的查看现场最新的环境参数。并可在当前页面进行控制调节，极大地方便了用户的操作（图 5-13）。

B）历史监测数据

查询历史一段时间内的数据变化情况，查询历史任意时间及时间段内的每个温室的历史数据（图 5-14）。

图 5-12

图 5 - 13

图 5 - 14

C) 温室变化曲线

提供每个温室的某个时间段内的温度、湿度、光照、二氧化碳等环境指标的变化趋势
（图 5 - 15）。

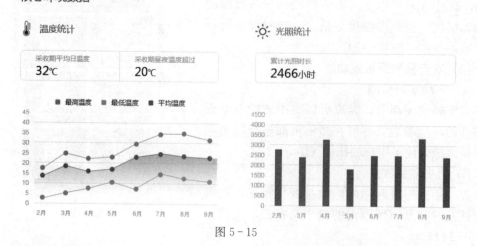

图 5 - 15

D) 监测预警及病害管理

配置作物的温度、湿度、光照、二氧化碳、土壤墒情等环境指标的阈值，并关联在阈

值上限或下限外出现的病害。

设置各产品的适宜生长环境（空气、土壤温湿度等指标）如果不在这个环境范围，会发生什么病害及防治方法等；当设施（温室与大田）监测到的当前环境数据的某一项指标与病害预警配置的适宜生长环境范围不符时，则该设施的环境预警。

E）实施查看温室大棚内的视频监控画面（图 5-16）

F）档案数据管理

结合农产品生产管理特点，由企业、农户采集农产品生产加工过程信息，建立生产档案，将生产档案及时整理录入并定期报送基地办审核备案，实现对生产加工过程的质量安全监管和档案数据的查询（图 5-17）。

5.1.2.5 网上生产服务

从选择最适合种植、养殖的品种到整个农业生产的过程，获取和处理信息都非常重要。如根据一段时间某种产品的生产规模及市场需求的数字、政策、土地、气候和物流等各种信息能够预判产品的种植可行性与收益。在生产过程中，也有必要就遇到的问题，通过网络获得专业技术支持。

那么首先，数量巨大和种类繁多的数据能够带来怎样的影响？这些数据决定了生产质量与产量。以种植业为例，这些数据可能包括天气数据、地理、土壤细节、种子特性、化肥和作物药剂等，充分利用这些数据对于土地进行长期管理和短期模拟，以实现产量和利润的最大化。农民可以从各地农业厅、局、委等部门官网获取地方农业信息，可点击 http：//www.bjny.gov.cn，访问北京市农业局，在便民互动下面有农业知识库，里面可以查询农业生产相关知识。还有很多企业手机 App 可以为农民提供生产服务，下面以新希望六和软件为例，讲述如何在养殖业中使用。

图 5-16

图 5-17

（1）新希望六和

新希望六和公司在中国畜牧业快速发展的 30 年中发展壮大，逐步发展成为中国农牧业龙头企业。他们亲历着农业转型过程中，农民的困境。自主获取信息的途径、生产经营管理信息化工具和小额金融服务是农民在升级转型过程面临的三大鸿沟。新希望六和公司在为耕者谋利、为食者造福的使命召唤下，一直在一线帮助养殖户发展生产，实现产业升级（图 5 - 18）。

图 5 - 18

农民生产发展过程最大的瓶颈是融资困难，没有足够的资金进行扩大生产，失去发展的机遇，没有资金周转，多少农民被迫离开了养猪业。"希望宝"金融为三农小微企业及优质农户提供低成本、高效率、安全可靠的融资渠道，同时养殖户提供安全、专业、高效的理财渠道。

移动互联网时代追求互联互通，帮助养殖户构建属于自己的生态圈，将养殖户，业务员和服务专家纳入平台化管理，搭建衔接养殖基地和生产基地的业务管理平台，支持信息记录，资料查询，数据分析，动态追踪，协作沟通功能，借助移动智能终端，加深对养殖现状、养殖数据和养殖变化的理解，提升对行业及市场的判断力、服务力和反应力，更好地帮助养殖户实现生产管理升级，为畜牧健康生产提供帮助。

（2）猪福达项目介绍

猪福达 App 功能主要涵盖行情、数猪、专家、我的四大模块（图 5 - 19）。

图 5 - 19

"行情"功能主要包括行情部分和资讯部分，行情可以看到外三元、内三元、土杂猪、蛋白豆粕、玉米价格、猪粮比及对应的趋势信息，资讯具体包括行情、技术、政策、农资、专栏等栏目，让养殖户获取第一手的农业资讯。

"数猪"模块提供报数和查看历史日志功能，在养殖户报数后，后台可实时跟踪母猪存栏、仔猪存栏、育肥猪存栏、死淘头数、新增头数、饲料库存等信息，了解农户养殖场实时情况，提出针对性指导意见，简介提高养殖户养殖管理水平。

"专家"模块在此界面可以看到业务员、服务专家信息，包括业务代表、服务专家的姓名和单位等，养殖户可直接电话呼叫，后台服务专家实时答疑解惑。

"我的"模块是用户自定义页面，包括用户注册姓名、金币数、兑换、认证、优惠券、推荐给好友、分享、如何获得金币等功能，用户可以进行编辑、查看或更改等操作，从而进行 App 的自定义操作。

(3) 禽福达项目介绍

禽福达 App 功能主要涵盖养殖现状、饲养日志、服务呼叫、行情资讯和应用工具五大功能（图 5-20）。

图 5-20

"养殖现状"搭建养殖基础信息，借助养殖数据分析与标准养殖曲线对比，检验养殖状况是否合理，指导农户科学饲养。

"饲养日志"农户养殖日志记录，包括耗料、温湿度、兽药使用和消毒信息。养殖数据透明化为食品安全可追溯奠定基础；后台实时追踪分析农户上传数据，了解农户饲养行为习惯及时纠正饲养问题，规范养殖管理，提高养殖效率。

"呼叫服务"目前涵盖兽医和生物安全，未来会逐步完善饲料、禽舍基建、养殖管理等专家团队的体系建设。目前农户可以线上拨打电话和提问问题两种方式向专家呼叫，后台会匹配相应的服务专家为农户答疑解惑。

"行情资讯"具体包括价格行情、技术文章、本地热点、行业资讯和经营管理，禽福达通过专业的后台维护人员及时更新最新的养殖行情资讯，让养殖户获取第一手的价值信息。

"应用工具"提供料肉比，养殖效益和问题案例分析功能，借助禽福达的数据平台搜索养殖过程中遇到的各种问题与专业解答。

（4）希望宝项目介绍

"希望宝"为货币基金，是由工银瑞信基金管理有限公司开发的，由投资者独自完成业务操作的网上交易直销自助式前台，其业务内容目前包括基金开户、账户登记、申购、赎回、交易申请查询、基金行情查询、份额余额查询，以及利用货币基金快速过户业务，实现支付功能。可以提高效率并降低支付手续费，有效解决合作养殖户支付困难、支付成本高的问题，并能提高养殖户闲置资金的收益，同时促进公司产品的销售。

"希望宝"主要功能：投资者通过"希望宝"平台可进行在线开户、货币基金的申购、赎回等操作，投资者的交易指令实时通过在"希望宝"平台嵌入的自助式交易系统发给本公司后台系统进行交易申请处理，并向投资者返回处理结果，由基金公司进行交易确认处理，并于次日向投资者返回确认结果。

5.2 农业经营

"互联网＋"已经上升为国家战略。互联网对零售这一传统产业的影响尤为显著，线上经营活动的重要性在城市已经得到证明。而农业市场面临的挑战更多：农产品过剩、流通农产品价格高、进口农产品的冲击等。用互联网概念经营农业能够改变信息不对称现象，为农产品提供更多的市场销售机会；能够开拓销售渠道，让农民或者农民组织直面最终用户。这些可以降低经营成本、提高销售数量和价格。我国农业市场的网络营销还有很大的发展空间。

5.2.1 消费品下乡

电子商务是加快推进农业发展方式转变的重要手段。"农村的电子商务能不能成功，最重要的是能否形成消费品下乡、农产品进城的双向流通格局。"而消费品下乡是农民在低价买、买真货和电子商务道路上的重要一步。

5.2.1.1 常见电子商务平台

随着电子商务的发展，网购迅速在全国普及，改变了人们的生活，足不出户就可以淘遍全球好物，常用的购物平台大多都推出了自己的手机购物 App。这里首先介绍一下常用的购物平台。

（1）京东

京东（jd.com）是中国最大的自营式电商企业。京东商城以销售 3C 电子产品起家，自营商品质量有保证，提供机打发票，并且可以支持货到付款，售后上门。京东在多个城市提供自营配送服务，最短可在当天将商品送到消费者手中（图 5-21）。

此外，京东上也入驻了大量第三方卖家，在选购商品时要注意区分自营商品和第三方卖家提供的商品，一般来说，第三方卖家提供的服务在物流配送、售后等环节很有可能达不到京东自营的高品质。

（2）淘宝

淘宝（taobao.com）是中国最大的 C2C 交易平台，淘宝网自身只提供平台，平台上入驻大量卖家，卖家运营自己的淘宝店铺，如同虚拟集市。淘宝网的商品种类繁多，应有尽有。

但是淘宝网是给买卖双方提供交易平台，因此卖家对自己的商品负责，会有质量良莠不齐的情况，在选购时一定要注意辨别，关注商品的价格合理性、成交量和评价（图5-22）。

图5-21   图5-22

（3）天猫

天猫（tmall.com）和淘宝出身同门，都是阿里巴巴旗下的电子商务平台，前身是淘宝商城，提供B2C服务，由品牌商家入驻，准入门槛比淘宝高，天猫商品提供正品保障和机打发票（图5-23）。

（4）亚马逊

亚马逊中国是美国亚马逊（amazon.com）旗下的网站，服务模式类似于京东。亚马逊中国的特色业务是中亚海外购买业务，可以在亚马逊中国网站购买海外商品，以及独具特色的kindle电子书业务（图5-24）。

图2-23   图2-24

(5)一号店

1号店（www.yhd.com）主打"网上超市"的模式，日用品和零食种类丰富（图5-25）。

(6)唯品会

唯品会（www.vip.com）是一家专门做特卖的网站。商品囊括时尚男装、女装、童装、美鞋、美妆、家纺、母婴等（图5-26）。

虽然不同平台都有自己的特色，但是网购的基本流程都是一样的。首先在购物平台搜索自己想要的商品，挑选完毕后加入购物车结算，填写订单信息、提交订单、支付订单。这里以在京东App买手机为例，介绍网购的基本流程。

打开京东App，在首页可以搜索商品名称（图5-27）。

在搜索框中输入我们想要的商品，例如「华为mate8」，跳转到搜索结果（图5-28）。

图5-25

图5-26

图5-27

图5-28

点击商品名称可以查看商品信息（图5-29）。

向下滑动屏幕，可以查看商品评论，商品评论是我们判断一件商品的重要依据，只有购买过该商品的人才可以评论，评论一般具有比较强的参考价值（图 5 - 30）。

点击页面顶部的详情可以查看商品的详情介绍（图 5 - 31）。

点击右下角的加入购物车可以将商品加入购物车，点击购物车可以查看编辑购物车（图 5 - 32）。

图 5 - 29

图 5 - 30

图 5 - 31

图 5 - 32

点击去结算，跳转到填写订单页（图 5 - 33）。

在这个页面，需要选择收货地址、配送方式、支付方式、发票信息、优惠信息。京东在很多地区支持货到付款，在支持货到付款的情况下，可以优先选择货到付款服务。发票信息根据个人需要填写，当显示有可用优惠券时，可以选择优惠券使用。填写完成后，点击提交订单即可。如果选择了在线支付，会跳转到支付界面完成支付。

图 5 - 33

几乎所有的网购下单都是这个流程，只是不同网站的细节不同罢了。购物时如果商品提供者是个人卖家，需要格外注意商品描述和评价，一定要和卖家沟通后再下单。网购平台通过网银结算付款，部分网购平台支持支付宝结算，支付宝的使用在第四章已经做了介绍。

5.2.2 农资下乡

农资包括农用生产物资及农业生产有关的技术，如种子、化肥、农药、兽药、农机、地膜、饲料及农用机械、计算机相关技术等。由于农资对农业生产极其重要，因此农业部也特别的重视农资问题。

针对中国农民最关心的农业生产资料的品质问题，农业部大力倡导"农资下乡"与"放心农资"，并且每年都把"放心农资"项目作为重中之重，通过一系列打假维权、下乡进村的活动对农资品质进行监管，切实为农村农民的生产带来放心的保证。在农村经常能看到图 5 - 34 这样的宣传口号，这些都是放心农资相关的一些宣传活动。

图 5 - 34

5.2.2.1 农资市场现状

目前，主流的农资销售还是代理、批发、零售模式，农资从厂家生产出来后，要通过区域代理商、市县、乡镇、村等多级分销商才能到达农民手中，流通环节多，效率低下。农资存在的问题主要在以下几个方面：

◇ **销售网点乱**

一入春农民就忙着买种子、地膜、化肥、农药等，农资需求量激增，不少人趁机大铺摊子。生产企业为追求高销售把自产农资批销到各地经销网点；作为"厂家直销"点的县市经销商为追求高回报往往又发展下家，越挂越多、越挂越乱。

◇ **产品名目乱**

国家对农资产品设有准确、规范的标准要求。然而在乡村农资市场里，一物多名、一药多名时有所见，农民无法分辨优劣，致使不少好的农业科技产品不能更好地发挥作用。

◇ **销售价格乱**

同一功能、同一品牌、同一厂家的同名同包装同计量的农资商品，常常因销售形式不同而卖出不同的价格，有的每 50 千克包装甚至相差几十元。

◇ **市场监管乱**

在一些偏远的乡镇农村，部分经营者打着服务乡亲的旗号，根本不办理营业执照，有的甚至直接在田间地头销售农资。

◇ **其他问题**

过分夸大农资功效、产量等，广告繁多，农资科普不到位，让人眼花缭乱，甚至销售假农资现象时有发生，严重坑害农民，让人深恶痛绝。

5.2.2.2 农资电商的发展

随着互联网的发力，其在砍掉农资销售中间环节，缩短交易链，让利消费者等方面有着很好的潜力，也因此农资电商是行业发展的大势所趋。

农资电商目前主要分为以下几类：

◇ **综合电商平台**

以阿里巴巴和京东为代表，以综合性电商平台为依托，凭借自身的超级互联网入口地位，涉足农资电商业务。

◇ **垂直型农资电商平台**

以云农场和农一网为代表，此类电商平台专注于农资领域，可实现同类产品之间的比价、比货功能，主要由农资生产商、供应商入驻，面向各类农业经营主体。

◇ **专注农村市场的电商平台**

以点豆网和农资哈哈送为代表，此类农村电商，其创业伊始就只做农村生意，其产品往往不限于农资下乡，同时引导农产品上行。

◇ **老牌农资企业转型**

以中国购肥网和买肥网为代表。面临电商大潮，传统农资企业都采取了积极行动转型。传统农资企业在物流、营销、服务体系等方面深耕多年，对于消费者需求的了解是非农资电商无法比拟的。

◇ **服务导向型农资电商**

以农医生、益农宝为代表，此类电商以提供服务为主，整合了技术服务、商务服务和平台服务，满足农户对基础服务的需求。

5.2.2.3 体验实际购买农资

通过电商购买农资非常的方便，这里以京东、淘宝为例，介绍一下移动客户端购买农资的流程。

（1）京东购买农资

安装京东的最新版本，然后点击桌面上的京东图标（图 5 - 35），进入京东的移动客户端。

接下来按照之前所讲的，登陆自己的账户，设置好自己的收货地址，以便于后续的购物。

然后点击左下角的分类，可以看到左侧出现了很多不同消费品的目录（图 5 - 36）。

这里并没有显示完全，沿着左侧一栏往上滑动，滑动到最底部的时候可以看到：【农用物资】，点击农用物资，就出现了很多农资产品。右侧的这部分也是可以继续往上滑动，查看到更多的信息的（图 5 - 37）。

图 5 - 35

图 5 - 36

图 5 - 37

可以看到，有盆栽苗木，种子，园林农耕，农药，肥料，兽药，饲料，兽用器具等（图 5 - 38）。

这里包含的东西都是可以购买的，如最近田地里的杂草特别多，想买一点除草剂，就点击除草剂，然后可以看到有很多的除草剂卖（图 5 - 39）。

图 5 - 38

如点击第一个农药，中保绿焰 41％草甘膦异丙胺盐水剂，可以看到图 5 - 40 的完整介绍界面。

图 5 - 39

图 5 - 40

该农药卖 36 元一瓶，每瓶 1 000g，而且是【中国农科院植保所】担保的正品农药草甘膦异丙胺盐，特点是【杀草烂根所有场所通用低毒安全土壤无残留】。

想更详细地了解一下该农药，可以点击屏幕上方的详情，进入到详情界面，上下滑动即可浏览详细信息。

可以看到该农药对应的防治对象是水花生、稗草、白茅、马唐、狗尾巴草、香附子、牛筋草等杂草，而且有详细的使用前后的对比图（图 5-41）。

以购买此农药 3 瓶为例，点击加入购物车。接下来点击【加入购物车】左边的那个购物车，就到了这样一个界面（图 5-42）。

然后就可以下单了，点击上面的红色框中的加号，把 1 变成 3，因为需要 3 瓶。然后点击最下面那个红色的去结算（图 5-43）。

图 5-41

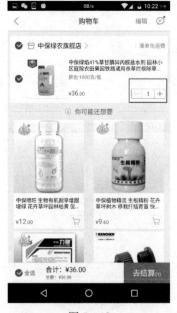

图 5-42

图 5-43

然后点击最上面的那个选择地址，然后选择自家的地址，然后大致看一下这个界面，这个商品会由快递送来，不开发票，总共 108 块，好了，感觉很合适，点击立即下单，之后按照选择支付方式支付即可。

（2）淘宝网购买农资

仍然以购买除草剂为例，打开淘宝客户端，搜索除草剂，可以看到图 5-44 所示，和京东购买除草剂类似的流程，直接将流程截图 5-44。

图 5 - 44

5.2.3 农产品进城

5.2.3.1 农产品市场现状

（1）农产品的现状及原因

近年来，随着社会经济的快速发展，人民的消费水平不断地提高。城区的市民越来越青睐农村生产的优质农产品，但实际情况是并没有足够的优质农产品供给到城区。然而另一方面，在广大的农村，很多优质的农产品却因为诸多的问题并没有运抵城市，进而被贱卖，乃至被丢弃。

这里有一个真实的例子，2016年1月14日，人民网报道，山西省永和县河浍里村村民贾某收获的2 500千克红枣大量滞销，临近春节还没有卖出去1千克。大量的红枣堆积乃至霉烂，最后不得不喂猪乃至抛弃（图5-45）。

图5-45

这仅仅是广大农村农产品滞销问题的一个缩影。那么农产品为什么卖不出去呢？农产品进城又有什么问题呢？

长期以来，我国农业一直处于重产前耕作轻产后经营的状态，很多地区，无论是政府还是农民，在农业流通，经营方面的观念极为落后。农产品进城变得非常之难，主要原因有以下几点：

◇ 生产"多小散"

农民传统的生产模式陈旧，生产的组织化程度较低，且规模小而分散。农业生产没有组织性，农业生产带有很大的盲目性和趋同性。

◇ 信息传导不对称

由于缺少能够把政府导向、市场行情、农业生产、批发零售等连接起来的综合网络和信息，农民较难获取有关农产品生产、流通和加工的信息。大多数农民也缺乏对信息的分析、选择能力，也不知道如何使用电脑等信息平台获得信息，因而造成农民生产和农产品流通的盲目性。

◇ 配送水平低

农产品在走上居民餐桌之前，首先要过的就是配送关。如果配送力量不足，即使鲜活农产品近在咫尺，对居民的餐桌来说还是远在天边。很多城市从事农产品配送活动的企业是蔬菜批发个体户或经纪人等，通常的情况是兼收购商和物流商，这种一条龙的服务好处是熟门熟路，一步到位，但是缺点也很突出：收购数量少成本高，农产品销售价格就高，同时难以满足需求；市场信息无法互通，容易造成哄抬物价或竞相压价等极端做法；运输户兼销售商食品安全意识淡薄，极易造成生鲜农产品变质销售的现象。

◇ 物流成本高

由于农产品物流存在跨区域运输问题，各地的政策不一，影响了经销商把优质农产品长途运输到城市销售的积极性。从蔬菜原产地的收购价，到最后农贸市场的售价，期间差价可能达到 10 倍。很大一部分翻高的菜价是由运输过程的各种乱收费和交易场所的高收费所"贡献"的。

（2）解决思路

解决农产品进城难的问题需要政府、企业、农民的通力合作，解决的思路主要有以下几个方面：

◇ 加强物流现代化建设，构建区域性的农产品物流体系。

◇ 通过组建农民专业合作社等合作组织提高农民抵御市场风险能力。

◇ 加大优质农产品宣传力度，搭建农产品信息服务平台。

◇ 开展农产品直进社区工程，鼓励农产品专卖店、连锁店建设。

下面介绍几个综合性电子商务平台和农业垂直电子商务平台，以便于了解如何通过互联网销售农产品。

5.2.3.2 京东农村电商

京东作为国内最大的自营 B2C 电商，依托自建成熟的电商平台和物流网络，正向农村电商的巨大蓝海进军。在农产品进城方面，京东依托京东农村电商（https：//cun.jd.com/），打了 3 张牌。

◇ 品牌企业做京东供应商

采销模式是京东电商平台的核心模式，该模式向供应商采购商品并直接向消费者销售。在农村，不乏优秀的企业和高品质的商品，这类品牌企业可以向京东采销部门提出申请，经过评审后的企业和商品即可通过该模式开展电子商务。

◇ 农民入驻京东 POP 平台开网店

京东开放平台是京东为商家开网店、自主开展电子商务研发的电商服务平台，该平台提供多种商家入驻和开店模式，不同模式向商家提供不同的服务内容，农村中小企业，甚至农户可以根据自身商品特性、运营能力等因素全面权衡、灵活选择。

◇ 地方政府与企业联手开办京东特产馆

地方特产是农村的重要农产品，在地方政府、企业和京东三位一体，确保地方特产的品质，确保消费者买到放心的地方特产的前提下，京东地方特产馆可以作为将"农产品进城"的重要手段。

5.2.3.3 阿里巴巴农村淘宝

2014 年 10 月 13 日，阿里巴巴集团在首届浙江县域电子商务峰会上宣布，启动千县万村计划，在 3～5 年内投资 100 亿元，建立 1 000 个县级运营中心和 10 万个村级服务站。这意味着阿里巴巴要在今后几年以推动农村以线下服务实体的形式，将其电子商务的网络覆盖到全国 1/3 强的县以及 1/6 的农村地区。据专家预测，未来农村网购市场或将超过城市。

阿里巴巴集团将与各地政府深度合作，以电子商务平台为基础，通过搭建县村两级服务网络，充分发挥电子商务优势，突破物流，信息流的瓶颈，实现"网货下乡"和"农产品进城"的双向流通功能。

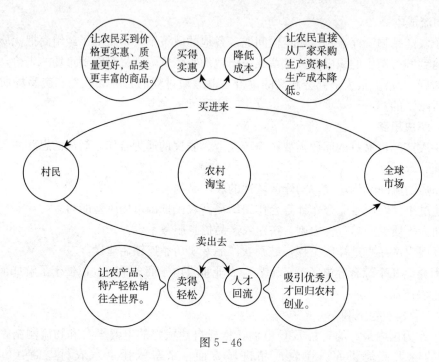

图 5 - 46

图 5 - 46 就是农村淘宝的结构。村民和市场通过农村淘宝结合起来，通过农村淘宝将农产品卖出去，即实现了农产品进城。这一过程中，农产品走的是较成熟的物流和快递通道，这一通道越成熟，农产品就能走得更远。

淘宝网也有地方特产馆，可以更好地辅助农民将农产品，特别是优质的地方特产销往全球。

（1）淘宝店

个人农户如果想要将农产品卖出去，可以选择开淘宝店。淘宝店怎么样呢？首先来看一些新闻报道：

来自临安的董世平在淘宝上开出了一家网店，当时就抱着要把家乡土特产卖到全国各地去的念头。董世平在做了大量功课后，认定"开网店"的路子会带来新市场。两年多时间，董世平验证了当初的想法。打开他的网店，从临安山核桃到橄榄、杏脯、桃条……一个农产品大观园跃然眼前。41615 件的碧根果、33101 件的开心果销售量清楚地显示着业绩的红火，问他一年销售额大约有多少？他保守地说："大概总在千万左右吧。"而更让董世平欣喜的是，"网货进城"不再像当初一样局限在周边的城市，网络大大拓展了他的销售市场："现在全国各地的订单都有，甚至有不少海外的客户在网上下单"。

某个阴雨天，禹州市方岗镇刘岗村刘璟喆的网店生意却丝毫不受影响，全天交易额达到 1780 元，净赚 200 多元。该村党支部书记刘富圈介绍，刘岗村农民办网店始于今年 7 月份。本村二组的刘应举大学毕业后，利用自己所学的计算机网络知识在省城郑州开了一家网店，足不出户就把生意做到了全国各地，每年营业额达到 150 多万元，收入 20 多万元。回家后，他指导自己在家务农的哥哥刘应帅也开了一家网店，并带动本村的刘璟喆、刘开阔、刘松叶、刘二阳、王晓文等 20 多个人跟着开网店，做起了网上生意。

很多农民通过互联网将自己的农产品卖到了全国各地，实现了财富的增长，那么应该怎么在淘宝开店，进而挖到自己的互联网第一桶金呢？实际上在淘宝开店，说简单也简单，说复杂也复杂。简单是因为店开起来很容易，但不一定有销量，不一定卖得出去。在淘宝上开店是一门学问，需要下工夫去研究。这里介绍一下开店的简单流程。

首先下载手机淘宝客户端软件并安装到手机上，然后注册淘宝账号。在手机桌面上找到淘宝客户端图标后，点击进入手机淘宝的登录界面，找到"免费注册"按钮后点击开始注册（图 5-47）。

注册时应该填写手机号和验证码。手机号就是淘宝号，并且设置 16 位以上的密码（图 5-48）。

图 5-47

图 5-48

填写完手机号后，点击下一步，页面提示将会给该手机发送一条验证短信，注意及时查收（图 5-49）。

将手机短信上收到的验证码填写在对应的方框内，然后点击"下一步"（图 5-50）。

设置登录密码，由 6～20 位数字，字母，符号组成，这个密码要记牢，以后登录都靠它（图 5-51）。

设置会员名，起一个名字就好（图 5-52）。

现在可以开通淘宝店铺了。进入淘宝，在右下角点开我的淘宝（图 5-53）。

打开我的淘宝页面，会看到"我要开店"的选项，点击进行下一步（图 5-54）。

点开"我要开店"，将会看到下面的操作界面。首先要给自己的手机淘宝店铺设计一个 LOGO 上传上去，并取个容易识别的名字作为店铺的名字。接下来是对店铺进行简单的描述。就这样，手机淘宝店铺就建立成功（图 5-55）。

接下来是实名认证，因为只有通过了实名认证之后，淘宝店铺才能被客户搜索到，发布的宝贝才能被买家选中。首先点击图 5-56 中的"实名认证"。

图 5 – 49

图 5 – 50

图 5 – 51

图 5 – 52

图 5－53

图 5－54

图 5－55

图 5－56

接着弹出"添加银行卡"界面，要求把已经开通网银的银行卡号填写在对应方框（图 5－57）。

然后填写姓名、证件号、手机号信息（图 5－58）。

图 5－57

图 5－58

输入收到的短信验证码，就完成了实名认证（图 5－59）。

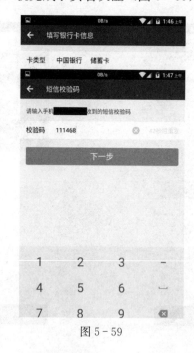

图 5－59

实名认证结束后便可以在你的店铺里发布宝贝了。找到"发布宝贝"选项进入（图 5－60）。

根据界面提示填写宝贝信息，进行发布便能在店铺中看到宝贝了。

随着电商和物流的快速发展，借助电商物流，让农产品走出去已经不再困难。借助手

图 5 - 60

机上网，获取有用的农产品市场信息，进一步指导农业生产，再通过电商、物流将农产品卖出去，实现农产品进城，整套流程已经相对成熟。农业电商的发展，让农产品只重产前不重产后、只依赖传统市场不愿融入互联网市场的观念发生革命性的变化，"农产品"将不再怕"进城"。

（2）农村淘宝

农村淘宝是阿里巴巴集团的战略项目。为了服务农民，创新农业，让农村变得更美好，农村淘宝 App 立足县域、服务农村，盘活城乡，通过智能手机端为村民用户提供生活消费品、工业用品、农资商品购物以及便民服务、本地生活、分类信息等的综合性 App。

农村淘宝亲情购：只要开设村淘服务站的地方，您就可以通过村淘 App，为家乡的父母、爱人、孩子及其他亲人等，购买物品直达到村，或帮助家里交水电费等（图 5 - 61）。

农村淘宝 App 上开店：依托于农村淘宝在当地的实体服务站，帮村民发布山货、农家乐、生态农场等农村特色信息，推进农村信息化、无线化，助力村民致富增收。

A）购物功能

生活类商品：依托阿里系旗下农村淘宝平台为村民提供丰富多样的商品，足不出户，买遍全球。

农业生产资料商品：由农资品牌厂家直供，正品实惠、放心无忧，促进生产高效并提升服务效能及体验。

模式创新：提供农村定制化服务，由厂商根据实际需求提供定制化生活消费品或农业生产资料商品。

物流直达：开设农村淘宝服务站的地方，物流即可直达到村。

售后服务保障：依托农村淘宝服务站，由合伙人提供售后服务保障。

B）生活服务功能

生活缴费：通过农村淘宝 App 服务村民，自助缴水电费、燃气费、宽带费等便民服务（图 5－62）。

生活分类信息：通过本地生活服务的平台，盘活城乡，释放需求。帮助农村网民看到所在地的商户，给用户提供便捷、全面的商户信息。

交通出行：提供购买火车票、汽车票，飞机票等方便村民出行服务。

网上医疗：解决农村看病难问题，村民可以通过村淘 App 直接网上挂号、网上预检，享受与城市一样的医疗资源。

图 5－61

图 5－62

C）本地信息服务功能

结合返乡创业、百万电商人才招聘、农家乐、特色旅游等加入农村分类信息，惠及村民更普及更贴近生活方便生活。

D）农村淘宝案例

案例：中国网店第一村：青岩刘村

青岩刘村位于浙江省金华市义乌市江东街道，大约 28 万平方米，当地人口总共不到

2 000 人。村道的两端一侧是环城路，另一侧是小商品集聚地。青岩刘村是一个面积不大的住宅小区，有 200 多幢农民房、586 个楼道、房屋 1 800 间，公寓楼清一色乌青颜色外墙，几乎每一幢楼的一楼都是仓库。现在却容纳了 8 000 多人，开出了 1 000 多家淘宝网店，拥有 2 家金冠店、数十家皇冠店。2010 年成交额超过 20 亿元，成为名副其实的淘宝村。

青岩刘村所处的义乌市是全球最大的小商品集散中心，被联合国、世界银行等国际权威机构确定为世界第一大市场，更有全球最大的小商品批发市场——义乌国际商贸城。

案例二："北山模式"从无到有：北山村

北山村位于浙江省丽水缙云壶镇镇北山脚下，2010 年年底村庄合并后，由上宅、下宅和塘下 3 个自然村组成，有 700 多户人家。其中拥有 800 多人的下宅自然村就有 200 多家淘宝店铺，集中了全村绝大多数电商企业。在这 200 多家淘宝店铺中，皇冠级别的就有27 家。2013 年，全村实现电子商务销售额 1 亿元。

北山村是丽水市首个农村电子商务示范村。短短几年间，该村从"烧饼担子""草席摊子"发展为"淘宝村"，已逐步形成以北山狼公司为龙头，以个人、家庭以及小团队开设的分销店为支点，以户外用品为主打产品的电商发展模式——"龙头企业示范带动＋政府推动引导＋青年有效创业"，北山村发展农村电子商务事迹被中国社会科学院有关专家概括为"北山模式"。

5.2.3.4　一亩田轻松买卖农产品

农村电商有两种主要类型：工业品（消费品）下乡和农产品进城。现在介绍一家专注农产品进城、扩大农产品销售、减少中间环节、提高农产品流通效率，把田间地头和城市消费市场高效对接起来的电商企业——一亩田农产品交易服务平台（注：1 亩＝1/15 公顷）。

一亩田成立于 2011 年，是国内领先的农产品诚信交易服务平台，定位于推动"农产品进城"，致力于促进"轻松买卖农产品"，以"为农民增收，为市民减负"作为平台的基本目标，为农产品买卖双方提供互联网信息服务。目前平台的产地用户来源覆盖 2 100 余个县，涉及农产品种类达12 000 余种。

一亩田在推动农产品 B2B 交易（即打通产地端的合作社、经纪人、种植大户、龙头企业等规模型生产经营者与销地端的批发商、商超、连锁餐饮企业、出口企业之间的联系）的同时，也为农村的散户提供查询全国市场行情、联系周边买家、寻找合适车源、购买放心农资等方面的服务。截至目前，累计超过 3 500 万的农产品经营者使用了一亩田的服务。

为顺应移动互联网的发展趋势，方便农民使用，一亩田除了提供 PC 端的服务外，还专门开发了手机 App 软件，可为全国农业经营者提供行情查询、信息发布、交易撮合、线上支付、物流匹配、农资买卖等多项服务，并在操作使用方面力求简单实用，贴近农村实际，赢得广大农村用户的好评，被誉为"脚上沾满泥巴"的电商平台（图 5-63）。

（1）合作社如何玩转一亩田 App

A）有实力才放心

图 5-63

有规模、有标准的合作社才能让采购商放心。合作社要完成企业认证，上传相关资质和荣誉，以及高质量的货品照片或视频，来展现农产品生产、客户服务的方方面面，做到有图有真相，彰显供货实力。

B）会推广才有交易

合作社作为新型农业经营主体具有生产规模和品控上的优势，同时要学会推广自己，及时更新自己的信息、精准的报价技巧、主动通过一亩田 App 的"电话本"功能联系供应商，同时要积极参与一亩田举办的各项活动，争取排名靠前的机会，吸引有实力的采购商。

C）有数据才有信用

只有通过线上支付才能留下并累积交易数据记录，能够证明合作社的经营历史、销售业绩、种植经验、市场影响、客户反馈等，同时能形成合作社的信用，成为金融机构发放贷款的依据。

（2）农民如何玩转一亩田 App

A）开设网店自己卖

农民可以直接在一亩田 App 上开设自己的网店，展示自己的货品，吸引周边采购商。还可以通过一亩田的分享功能将网店信息分享到微信朋友圈和 QQ 空间，让之前已经建立联系的采购商随时关注到自己的货品信息。

B）寻找经纪人帮你卖

农民可以通过一亩田 App 的"电话本"功能找到附近的经纪人，或者具有经纪人职能的合作社，让他们帮助卖出货品。与更多农产品经纪人保持联系，将使农民在面对市场变化时能够趋利避害，从农业经营中获得更多收益。

C）联合乡亲一起卖

单个农民产出少，直接面对市场费用高，可以联合乡亲共同销售。将乡亲们的货品信息上传到自己的店铺，丰富货品种类，提升供应能力，增加交易机会，实现共同致富。

D）提升名气敞开卖

农民通过个人实名认证，积极参与龙虎榜评选、特卖会、认证信息员、乡村互联网推广大使等一亩田举办的活动，多方展示和推广自己，提升名气，促进交易。

（3）通过一亩田 App 展开经营活动的农民致富案例

案例：山东小伙用"互联网思维"卖化肥，生意火爆成立合作社

临沂沂南县双堠镇姚沟村 34 岁的姚西才，虽然只有初中文化，却有自己的一套致富经。

姚西才很早就开始做农资生意卖肥料，他的肥料基本上都是卖给周边县的农户们，姚西才有时候也会帮这些农户找销路，于是做起了农产品代办。没想到这一小小的转变，给姚西才的生意打开了一扇大门。

隔壁的方城县盛产辣椒，有一次姚西才去送化肥，发现那里的老乡因为缺少销售渠道和对外沟通的途径，辣椒卖不上价，才 0.15 元 1 千克。姚西才在北京做记者的朋友回老家，跟他推荐了一亩田 App，在上面能买卖农产品，就下载了一个，才发现在"一亩田"上，南方的辣椒卖价都比较高，采购商却都不知道山东这边的辣椒其实价格更低，他就尝试着发布了辣椒的供应信息，定价在每千克 0.3 元。没想到第二天，来自天津的一位王先生，就联系他来看货了，当时就拉了一车 1 万千克的辣椒，并且放下了 5 万元定金，到了 2015 年年底，姚西才通过一亩田卖出的辣椒已经涨到了每千克 1 元，当地的乡亲们再也不用为辣椒卖不上价发愁了。

几次交易做下来，姚西才在当地出了名，大家纷纷找他买化肥，并希望他能顺道帮他们把家里的农产品都卖出去。实际上，姚西才帮乡亲们卖农产品并不赚钱，他每千克只收取 0.5 分钱。

5.2.3.5 "亿农宝"

"亿农宝"愿意做"做农民最勤劳的销售员、最信任的采购员、最贴心的农技师"，并以此为指导开发了智能手机应用——"亿农宝"，通过构建融合商家与农户的互联网平台，减少农资和农产品买卖的中间环节，有效地解决了农民卖粮难和购买农资贵的问题，最大限度地维护农民利益，实现了农民收益的最大化。

农业至关重要，但是一位农民或者一个农户种植的粮食、采购的农资量并不多，这导致了农民居于弱势地位，农民卖粮价基本上就是政府保护的指导价。但是如果一个村、一个乡、一个市、乃至一个省的粮食集中在一起，就可以机械化生产，可以和大型粮贸企业、用粮企业对接，就可以卖到一个更好的粮价。增加的收益对每一户农民都是重要的。这是一个市场行为，参与了市场，才能获得收益。农民已经意识到这些，尝试以行政村或者其他方式组建合作社。"亿农宝"协助农民成立合作组织，帮助农民集中起来参与到市场中。如果农民需要，"亿农宝"愿意入股合作社。

"亿农宝"以吉林省乾安县作为试点，在全县 164 个行政村成立合作社，并建立起了覆盖每个合作社的信息联络员网络。"亿农宝"帮助农民卖粮，从厂家团购农资，农民得到了实实在在的好处。

农业是一个大范畴，包括林业、养殖业等。"亿农宝"设立在东北，专做粮食。东北是粮食主产区，很多农民的全年收益都在种粮上面，非常重要。企业的精力是有限的，

"亿农宝"以全部精力投入到帮助农民卖粮、帮助农民增产创收中。专注才能做得更好，"亿农宝"踏踏实实，把农民的想法和互联网结合起来，做农民最想做的事。

（1）"亿农宝"功能

A）高价卖粮食

"亿农宝"帮农民把粮食直接卖给用粮企业。

大家都知道谷贱伤农、卖粮难，所以每年政府都要制定粮食指导价来保护农民利益。但是受国际粮价走低影响，这并不是长久之策。而传统的收粮方式，层层的中间商、小规模交易成本和巨额的收购成本让农民和中间商不能得到合理的收益，甚至有的农民种粮食亏本后第二年就不种了。那么，怎么能让农民的粮食卖个好价格？

"亿农宝"已经与中粮、京粮、茅台集团、山西紫林醋、中国种子集团和中华供销总社等多家大型用粮企业建立合作关系。农民在 App 上面预约卖粮信息或者预约种植信息后，同类产品自动计算总量，之后"亿农宝"帮农民把粮食直接卖给用粮企业。用粮企业的采购价是明显高于市场指导价的。

粮食直接从农民手里卖到用粮企业，不仅最大限度地减少售粮的中间环节，消灭差价，增加农民卖粮收入；而且可以保障农民卖粮款的结算，避免拖欠粮款和打白条的情况。

B）低价买农资

农民还可以通过"亿农宝"以低于市场价约 5％的优惠价从农资生产企业直接预订、购买所需要的农资用品。农民通过 App 预订农资，联络员负责对信息进行核实确认，"亿农宝"统计汇总信息，直接对接合作的农资生产商，通过团购的形式让农民用最少的钱买到最满意的农资。从农资生产企业直接采购不仅能得到大宗采购的最低价格，还可以避免农民买到假种子、假化肥等假农资品而带来的直接经济损失。

C）教你种什么

今年种什么？是一个宽泛的大题目，农户的土地适合种什么？今年什么市场走俏？哪种粮食今年种的太多？怎么科学种田？哪种作物用什么方式能够增产？

"亿农宝"能给农民建议，能做培训，还能能帮农民预售。

市场环境决定了今年应该种什么，怎么了解其他农户都在种什么？如何知道市场行情与预测？农业的信息化和互联网化为农民提供了选择依据，有助于农业、农村和农民与需求市场的对接，农民可以通过最新的农产品价格走势和种植情况，决定农业生产的重点。"亿农宝"开放式种粮计划，让农民知道应该种什么。

不同的地区、不同的土壤、不同的气候、不同的市场环境决定了适合种什么和应该怎么种。"亿农宝"邀请农业专家，以当面授课、现场指导、座谈讨论等形式对农民进行指导，向农民传授讲解科学种田、合理施肥等相关知识。App 将定期更新有关培训的视频和要点供农民随时参考和学习，发布培训计划，农民还可以在 App 上面根据需求预约培训。"亿农宝"聘请相关领域专家到农村进行技术指导和知识讲授，系统将定期更新有关培训的视频和要点供农民随时参考和学习。

（2）网上交易

农民登录系统录入自家粮食的有关信息（品种、数量、品质等），联络员进行核实确认后通过系统进行统计、汇总，销售给用粮企业，中间产生的高于市场指导价的部分全都返给农民。

农民可以在 App 上操作（图 5-64、图 5-65）。有粮的农民，可以直接填写信息预约交粮；种粮之前农民也可以填写种粮计划，约好优先卖粮，今年粮食的预计种植情况，"亿农宝"根据系统提供的数量、品质等相关数据，帮您去找用粮单位，不愁卖粮。

图 5-64

图 5-65

5.3　农业服务

随着生活节奏的加快，消费者的生活状态也在发生着改变。生活状态改变了市场需求，而市场需求倒逼商家服务升级，迎合消费市场。微信点餐、团购、二维码等线上运营模式愈演愈烈，只需点点手机，按按键盘，下下订单，就能享受到快捷的服务，省钱省时又省力。但在这种模式背景下，一种全新的服务升级模式"互联网＋服务"正在引领服务业走进新时代。

移动互联网所改变的，不仅仅是涵盖吃住行游的全方位生活服务，还能够为农村优势资源提供推广服务，为农村生产经营提供金融信贷推广。传统服务弱势区域在移动互联时代可以最大限度地被弥补，线上和线下的有效对接构建了一个包含现金、信息和实体的完整生态圈。

5.3.1 便民服务

现在，可以通过很多网站或者 App 来查看社保、公积金、挂号、缴费等。

5.3.1.1 社保

很多地方已经可以通过互联网查询参保信息。以北京为例，可通过扫描社保二维码、下载社保 App 和关注微信公共服务号"北京社保中心"，实时查询在北京市参保的个人社保参保信息、缴费信息、社保卡办卡进度、定点医院、社保相关政策等，可为参保职工提供个人参保缴费信息、社保专题、服务网点查询、用户设置等服务。

（1）如何下载 App

北京市人力资源和社会保障局的官方网站（http：//www.bjrbj.gov.cn/）右侧下方的"北京社会保险 App 下载"栏目，或北京市社会保险网上服务平台（http：/www.bjrbj.gov.cn/csibiz/）主页的左上方均可找到二维码，手机扫描即可下载。

参保职工还可登录北京市社会保险网上服务平台，点击"个人用户登录"，经注册，进入个人信息查询页面后，打开 2013 年对账单页面，也可找到二维码进行扫描下载。

（2）微信服务号

除了下载 App，用户还可关注微信公共服务号"北京社保中心"，输入身份证号码、社保卡条形码编号等个人信息即可进行相关查询。

（3）社保公共服务功能

北京市社保 App 和微信公共服务包含"我的社保、社保专题、服务信息、用户设置"等 4 个栏目。

"我的社保"栏目：可查询参保缴费基数、缴费年限、定点医院、获取对账单的方式、社保卡制卡进度等个人参保信息和缴费信息，以及阅读消息中心推送的相关消息等。

"社保专题"栏目：主要是普及与社保相关的各类知识，如社保卡专题、参保登记专题，权益记录专题、银行缴费专题。用户通过浏览各个专题的内容更进一步的了解与社保相关的知识，同时也让用户了解办理社保业务的流程、所需材料等内容。

"服务信息"栏目：将展示社会保险实用信息查询，其中包括社会保险业务经办的服务网点，服务热线，定点医疗机构目录等。

"用户设置"栏目：需用户登录使用，包含"修改密码"，"修改注册手机号"、"消息设置"、"用户反馈"、"关于北京社保"、"退出登录"等功能。

为确保参保职工的信息安全，用户使用"我的社保"和"用户设置"功能时，需要先注册，确认个人信息无误后可登录使用。注册时，需在注册界面输入姓名、身份证号、社保卡条形码编号和手机号四项个人信息。

5.3.1.2 挂号

很多时候到医院就诊，挂号排队要等很久，非常不方便。现在各地陆续推出本地医院挂号平台。以北京市为例，可以通过北京市卫生局指定的北京市预约挂号统一平台 http：//www.bjguahao.gov.cn 预约挂号。首次使用预约挂号，需要进行注册才能够使用预约挂号服务，用户一般可预约次日起至 3 个月内的就诊号源，但由于各医院规定不同，具体预约挂号周期，以 114 电话查询和网站公示为准。

（1）预约流程

第一步：注册登录

登录网上预约挂号统一平台 www.bjguahao.gov.cn，首次预约挂号须进行在线实名制注册，通过注册账号登录，进入预约挂号流程。（已注册用户直接登录开始预约挂号）。

第二步：选择医院/科室/疾病

您可以通过多种搜索方式找到您所要预约的医院（图 5－66）。

医院		科室

全部 顺义区 通州区 大兴区 昌平区 平谷区 怀柔区 东城区 其他

煤炭总医院 【三级综合医院】
电话：010-64667755转2026...
地址：北京市朝阳区西坝河南里29号

北京丰台医院(桥南部... 【二级甲等】
电话：010-63715951
地址：北京市丰台区丰台南路99号

航天中心医院(原72... 【三级合格】
电话：010-59971160
地址：北京市海淀区玉泉路15号

北京丰台医院(桥北部... 【二级甲等】
电话：010-63836210
地址：北京市丰台区丰台镇西安街1号

北京大学口腔医院（魏公村总... 【三级甲等】　北京市第一中西医结合医院东... 【三级合格】
中国中医科学院望京医院 【三级甲等】　北京惠民中医儿童医院 【一级专科】
北京中医药大学东直门医院 【三级甲等】　北京市朝阳区妇儿医院(妇幼... 【二级甲等专科医院】

更多医院

图 5－66

A）进入医院页面 选择需要预约的科室（图 5－67）

内科	内科门诊	老年综合门诊	心内科门诊
	心内科高血压专科门诊	肾内科门诊	肾内科腹膜透析专科门诊
	肾内科慢性肾功能不全非透析专科门诊	血液科门诊	感染内科门诊
		感染内科热病门诊	感染内科免疫功能低下门诊
	免疫内科门诊	呼吸内科门诊	戒烟门诊
	消化内科门诊	早期胃癌专科门诊	内分泌科门诊
	神经科门诊	神经内科癫痫门诊	多发性硬化专科门诊
	头痛专科门诊	脑血管病专科门诊	痴呆与脑白质病专科门诊
	重症肌无力专科门诊	普通内科门诊	肿瘤内科门诊

图 5－67

第三步：选择日期/医生

选择就诊日期，蓝色代表有可预约号源，点击预约；灰色代表号源已约满或停诊；白色代表无号源，无法点击（图 5 - 68）。

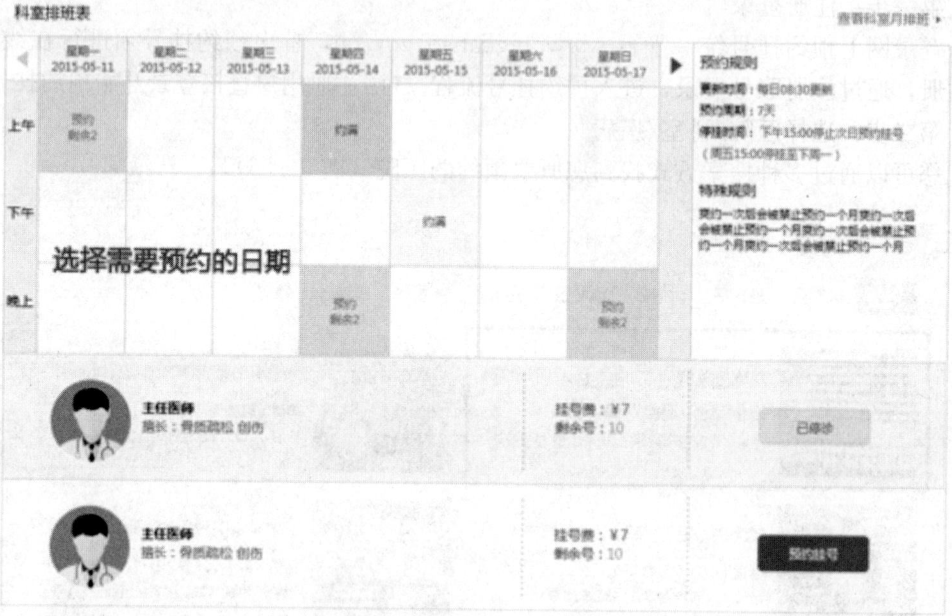

图 5 - 68

第四步：填写预约信息并短信验证

填写"就诊卡号"，"医保卡号"，选择"报销类型"；（选填）

点击获取按钮，待注册手机接收到"短信验证码"后，正确填写；（必填）

点击"确认提交"后预约成功，同时弹出本次预约成功的信息（图 5 - 69）。

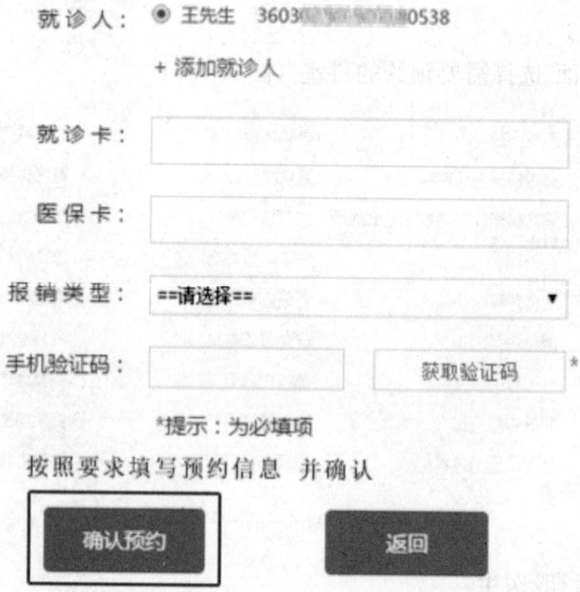

图 5 - 69

第五步：接收预约成功短信

用户手机接收到预约成功短信及唯一的 8 位数字预约识别码，见图 5 - 70（注：网站预约朝阳医院本院的预约识别码为 9 位数字）。

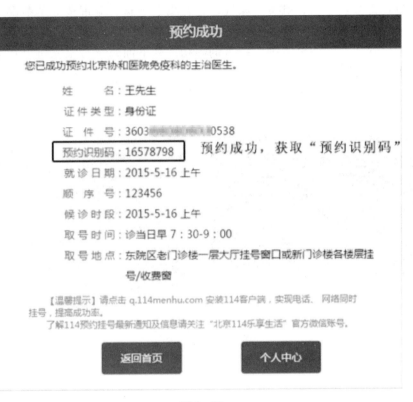

图 5 - 70

第六步：医院就诊

就诊当日，请用户在规定的时间段内，前往医院凭就诊者本人预约登记时的有效证件和预约识别码就诊。

（2）注意事项

用户首次预约必须注册就诊人的真实有效基本信息，包括就诊人员的真实姓名、有效证件号（身份证、军官证、护照、港澳通行证、台胞证）、性别、电话、手机号码等基本信息。

成功预约挂号后，系统将自动保存用户预约记录。就诊当天，您需要在医院规定的取号时间之内，前往医院指定的地点凭就诊人本人注册的有效证件原件、预约成功通知短信和预约识别码至医院指定的挂号窗口取号（取号，并缴纳医院规定的挂号费或医事服务费），逾期预约自动作废。

由于号源比较紧张，如不及时取消预约，也不按时取号就诊，则会视为爽约，系统会记入诚信记录，今后将会影响到您使用预约挂号服务。

以上内容节选自北京市预约挂号统一平台官网。

5.3.1.3 缴费

现在移动支付可以说是非常普及，而在移动支付领域表现最为抢眼的当属支付宝和微信了。春晚红包背后就有支付宝和微信的身影，现在无论是线上购物还是线下的各种生活缴费，例如，水费、电费、煤气费、有线电视费、宽带费等基本都可以靠支付宝和微信来完成。支付宝和微信在不同地区开通不同的特色业务或者城市服务，例如，医院缴费、交通违章、甚至考试成绩查询等功能。下面以支付宝支付电费为例讲述一下如何网上缴费。

第一步，下载支付宝软件并打开登陆（图5-71）。

第二步，进入支付宝页面，选择生活缴费（图5-72）。

图5-71   图5-72

第三步，选择需要缴纳的项目，例如电费（图5-73）。

第四步，填写基本信息并确认。可以通过催缴单，银行缴费回执中找到户号。如果没有单据，可以拨打事业单位服务热线，或者查询事业单位网站（图5-74）。

图 5 - 73   图 5 - 74

第五步，选择需要交费的项目，填写缴纳金额并确认（图 5 - 75）。

5.3.2 推广服务

互联网是强有力的宣传工具，随着网民数量的增加，越来越多的人通过网络获取信息，网络推广成为营销的重要手段。网络推广服务是把我们的优势资源、品牌信息和产品信息利用互联网传播出去。网络推广虽然不直接进行网上交易，但直接影响到商品的交易量，因此非常重要。而且，很多网络推广都是免费的。

伴随着"互联网＋现代农业"的快速推进，利用移动互联网的力量将各个平台资源对接给中国有需要的农民和消费群体就日益重要了。下面以腾讯公司为例，讲述利用微信海量的用户基础与开放的平台资源，给农民提供的"为村"平台。中去（图 5 - 76）。

"为村"是一个用移动互联网发现乡村价值的开放平台，它以"互联网＋乡村"的模式，为乡村连接情感、连接信息、连接财富，通过"为村三式"：移动互联网工具包、为村课堂、资源平台，为乡村做移动互联网能力建设，引导乡村基层管理者和乡建领导者跨越数字鸿沟，助力农民提升生产生活技能和水平的生态系统，并通过与政府、协会、组

图 5 - 75

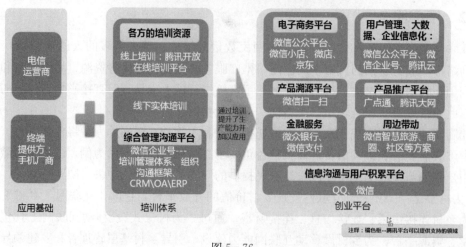

图 5 - 76

织、电信运营商、终端提供商、农业信息提供方、农业培训机构、农业信息平台的合作，将资源整合好，提升信息和资源的转化率。

"为村"平台鼓励农民群体借助农业部和互联网结合的力量创新创业，提升劳动的附加值，不断通过创新和实践发掘新的发展路径。

5.3.2.1 腾讯"为村"计划

为村项目对乡村基层管理者展开移动互联网能力建设。让村庄管理者和村民以更简单、直观、便于操作的方式了解并使用移动互联网工具，并能借助这一工具搭建村庄自有微信公众平台，为村内、外的村民在信息、情感上建立紧密连接。在实现村务透明化管理、密切党群联系、第一时间了解各村庄舆情动态和关注重点的同时，能准确定位村庄和群众需求，整合支持村庄发展的有效资源，推动村庄管理、服务水平提升，进而推动本地旅游或物产与城市有更广泛的对接。

移动互联网工具不是传统的"电子政务"，而是尽可能从村民生产生活场景、村村庄管理者工作难点等出发，设计的有使用价值的功能。把这些大家关心且愿意使用的功能集成在各村自己的微信公众号中，通过微信这一大家喜闻乐见并使用范围广、学习门槛低、沟通很便捷的工具，让大家尝试使用，进而乐于使用，最终让来自政府或社会各界的资源能沉淀在这个平台上，转化为村庄的"财富"。

5.3.2.2 "为村三式"

申请加入为村的村庄将按照"为村三式"的内容进行移动互联网能力建设。乡村"连"城市，为村有三式 ——既有高大上的线上连接，也有接地气的线下对接。

(1) 为村第一式：移动互联网工具包

引导村民及村庄管理者学习使用微信群及公众号，自行展开村内信息沟通，密切外出务工与留守人员的情感交流（图 5 - 77）。

图 5 - 77

（2）为村第二式：为村课堂

以在线课堂和实地培训的方式，进行公众号后台管理功能的使用、优秀公众号运营案例分享、微店分销方法等培训，让村庄掌握公众号运营的技巧（图5-78）。

图5-78

（3）为村第三式：资源平台

A）"加油为村"是针对参与为村的村庄设计的激励机制，在为村预设或村庄自创的基于公众号的连接中，创造出了充满生机和活力的信息交流、村务参与、情感沟通场景的村庄公众号运营团队及村民，将获得来自腾讯为村提供的1万元/村加油为村资金，由村委通过公众号广泛征集村民意见，公开明确用途。

B）向政府和村庄推荐，具有助力乡村发展核心能力的资源方企业或个人，一起为村助力。

5.3.2.3 为村案例

案例：贵州黎平铜关村

贵州省黔东南州黎平县铜关村是为村项目的第一个试点村。

铜关村由4个自然村寨组成，四周大山环绕，共有居民460户，1 863人，侗族占93%。和全国不少老少边穷地区一样，由于山高路险，铜关村青壮年普遍外出打工，只有留守儿童及老人，大部分人不会用智能手机，更不懂什么叫WiFi，村民人均年收入只有2 800元。这里还是世界非物质文化遗产侗族大歌的发祥地之一，被誉为"侗歌之乡"，有着鲜明的文化特色。

从2014年开始，这个过去对互联网很陌生的小乡村悄然卷入了一场"互联网+乡村"的变革中。

结合腾讯"连接一切"的战略，铜关村为试点，携手中国移动和中兴通讯，启动了针对一个具体村庄的移动互联网改造项目，2015年8月，该村从一个大山深处普通的侗族村寨，成为第一个拥有村委会组织下的微信群和微信公众服务号的村庄，同时依托此前腾讯基金会捐建的"铜关侗族大歌生态博物馆",开始建立了自身的旅游发展策略,并由此整合了来自地方政府超过 500 万元的项目资源,步入了发展的快车道。

5.3.3　金融服务

任何一个产业的发展都离不开金融的支持,农业也是如此。尽管我国金融改革不断推进,但农村金融依旧是我国金融体系中的薄弱环节。随着互联网的发展,更多的金融资本可以为农村经济发展注入新活力。

5.3.3.1　村镇银行

2006 年 12 月 20 日,全国银监会出台了《关于调整放宽农村地区银行业金融机构准入政策,更好支持社会主义新农村建设的若干意见》。全国的村镇银行从此开始蓬勃发展。村镇银行主要为当地农民、农业和农村经济发展提供金融服务,是真正意义上的"小银行"。但是,村镇银行的功能相当齐全,能够更便捷的为农民服务。下面以中银富登村镇银行为例介绍一下村镇银行提供的金融服务。

(1) 中银富登村镇银行

中银富登村镇银行,是中国银行和新加坡淡马锡旗下的富登金融控股有限公司联袂打造的高品质、全方位的县域金融服务机构。本着与客户"共同成长,成就梦想"的信条,致力于"立足县域,支农支小",为县域中的中小企业、农业客户等提供本土化的高水准金融产品、全面服务和风险管理。

该行积极贯彻落实国家有关"三农"政策方针,缓解小微企业以及农业客户融资难的问题。力求填补农村金融空缺,帮助村镇居民实现经济快速增长,帮助社区居民实现梦想。

为金融服务不足的农村和县域地区,提供国际领先水准的专业产品与服务是他们的愿景。中银富登村镇银行在追求品质和服务不断进步的同时,追求自身成长和客户发展的同步协调,以实际行动帮助核心客户——中小企业、微型企业、工薪阶层和农业客户——提高生活水平,改善县域环境,加速社区经济发展。同时,也会在全国范围内广开多家村镇银行与支行,将中银富登村镇银行国际化的产品设计、客户服务与风险管理经验与中银富登村镇银行对本地社区的深入了解相结合,为更多社区带去繁荣和美好。中银富登村镇银行将用专业创造价值,用真诚回报信任。

A) 专注县域,扎根社区

在深入了解社区需求的基础上,为其量身定做多款产品与服务,最大限度地促进社区发展;同时聘请对社区有深厚感情的本地员工,利用员工对本地社区需求的深入了解,结合该行国际化的产品设计、服务水平和风险管理能力,为社区加速发展带来保证,体现共同成长的核心价值。

B) 专业服务,支农支小

安守"立足县域 服务社区"的自我定位,致力于中小企业、微型企业、工薪阶层和"三农"群体的金融服务,以实际行动优化县域金融市场。在中银富登,没有 VIP 的客户,只有 VIP 的服务。坚持以客为尊的理念,确保您的每一次银行体验,都能感受到尊重与真诚。

C) 简单方便,快捷安全

服务流程方便快捷,采用国际先进的风险管理体系,提供适合县域农户和小微企业的产品与服务。通过简易的流程、先进的科技以及员工的全心协助，希望带给您更简单、更方便、更安全的金融服务，让您的生活更加轻松。

D) 国际水准，一流服务

中国银行的本土优势与富登金融的国际经验，二者强强联合，是他们的自信之源，确保为您带来更加优质的金融服务。

E) 放眼未来，共同成长

扩大视野，着眼潜力，是他们评估客户时的准则。结合本地特点，他们接受更多种类的抵押及担保，以解决您的后顾之忧，全心激发客户发展潜力，一起创造美好未来。

(2) 个人手机银行服务

中银富登个人手机银行是为 iOS、Android 等主流平台的智能手机用户提供客户端手机银行，为客户提供账户查询、转账汇款、临时挂失等各项服务。所有客户均可免费下载使用，支持三大电信运营商网络及 WiFi 无线网络。真正实现了"不用东奔西走，银行就在您手"的业务模式。

申请流程见图 5-79。

5.3.3.2 农村贷款

银行和其他金融机构为了提高农村信贷服务水平，加大支农信贷投入，简化信用贷款手续，更好的发挥金融机构在支持农民、农业和农村经济发展中的作用为农村提供了多种贷款模式。当然，在信贷发展过程中，也存在了一些违法行为。随着互联网的发展，很多信贷企业在农村有了长足发展，提供了更多的服务模式，便利农村经济。但是，我们在选择信贷机构之时要尽量选择银行机构，综合考虑自己的偿还能力和可能承担的不利后果，当然也可以更多享受互联网进入带来的便利。下面以翼龙贷公司为例，讲述一下如何获得贷款。

(1) 翼龙贷

翼龙贷作为联想控股成员企业，是国内首倡"同城O2O"模式的网络借贷平台。翼龙贷致力于成为一家卓越的互联网金融企业，为"三农"金融、普惠金融添加助力。

北京同城翼龙网络科技有限公司成立于 2007 年，是国内 P2P 行业中第一批探索者，总部位于北京。目前已在全国数百个城市设立运营中心，覆盖超过 1 500 个区县，并计划在未来快速拓展至 2 800 个区县。翼龙贷旨在为广大"三农"、小微企业主提供 P2P 借贷服务，平台本身不是借贷主体，而是信息服务者、撮合者以及风险控制者，为大众提供低门槛、能触及、低成本、高效率、安全可靠的融投资新渠道，满足借贷用户的资金需求。

翼龙贷在 2012 年成为国家首个金融改革试点的正规金融服务企业，并且也是首个在营业执照经营范围里面加入"民间借贷撮合业务服务"的网络信贷企业。翼龙贷首创"同城借贷O2O"模式，建立了全方位、多层次的风控管理体系。2013 年 5 月，翼龙贷首次被《新闻联播》深度报道，掀起互联网金融热潮，随后又陆续九次被央视报道，成为行业发展的标杆企业。2014 年 11 月获得联想控股战略投资，并获得资本、品牌、管理和关键人才等诸多助力，驶入发展快车道。2015 年，成为联想控股核心企业。

翼龙贷是中国互联网金融协会成员单位，同时也是中国支付清算协会互联网金融专业委员会发起单位，以及互联网金融千人会发起单位。翼龙贷成立 9 年以来，通过"同城O2O"模式成功帮助几十万个"三农"家庭、个体工商户、小微企业主等得到资金支持，

填写《中银富登村镇银行电子银行服务申请表》，
并提交到我行柜台，以后如变更需到我行柜台申请维护。

登陆中银富登村镇银行官方网站下载客户端，指点之间，服务无限。
（www.bocfullertonbank.com）

个人客户到我行柜台申请开通标准版手机银行，
应提供本人有效身份证件和本人有效身份和和本人有效借记卡/身份验证卡。

签订《中银富登村镇银行个人电子银行服务协议》

图 5-79

同时也帮助理财用户实现了财富增值、财务自由的梦想。

（2）业务流程（图 5-80）

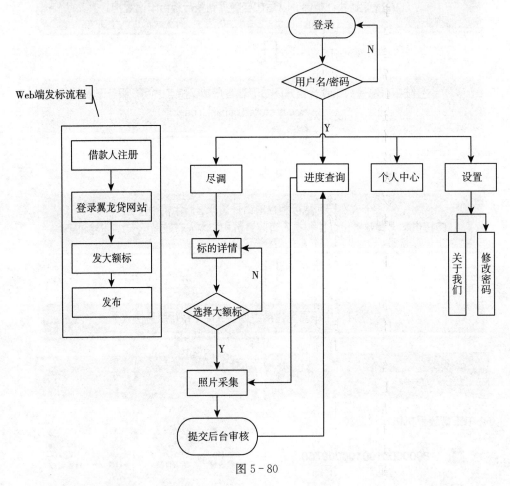

图 5-80

（3）翼龙贷业务特点

A）P2P 借贷、小额分散

（1）P2P 是个人对个人的贷款，小额分散是指每一笔借贷款都限制在较小的规模，并且在全国各个农村。

（2）翼龙贷的定位是网络借贷信息中介平台，在 P2P 中从事民间撮合业务，使得借款人可以顺利借到钱；使得城市中闲钱持有者可以将钱出借，以获取一定的收益。

（3）翼龙贷的初次借款额都是 6 万元以内，这是翼龙贷通过农村市场调研得出的结论，农民借款额度 6 万元，基本可以满足 80% 的农民从事生产经营的需求。

B）同城加盟、村镇覆盖

（1）同城加盟、村镇覆盖是翼龙贷服务"三农"的渠道覆盖方式。这种模式可以针对农民借款人进行充分的家访，了解借款人的真实情况。针对风险，有较好的控制作用。

（2）翼龙贷以区县为重点运营中心，采取同城加盟的方式，每一个加盟商必须是当地区县的企业，并且具备从事金融服务的经验和团队。

（3）目前翼龙贷的加盟商已经覆盖了我国近 1 500 个区县，超过 30 万的农民通过翼龙贷加盟商的运营中心借到从事生产经营的启动资金。

C）线下调研、共享经济

（1）线下调研，共享经济是翼龙贷风控的特点。

（2）鉴于加盟商是当地区县的企业，因此他们在进行家访调研时，有着得天独厚的条件。可以针对借款人的需求做出快速反应，迅速家访调研，可以为农民提供高效的服务。

（3）翼龙贷在 2014 年 11 月成为联想控股成员企业，在 2015 年，管理经营品牌塑造等各方面都有了突飞猛进的发展，对于翼龙贷的加盟商来说，也受到了前所未有的更替迭代和挑战。在开展民间借贷撮合业务中，翼龙贷与加盟商风险共担，共享经济，扶持了这些中小企业有了一定的发展。

D）实地调查、亲友互证

（1）实地调查、亲友互证是建立农民的信贷征信体系的基础。

（2）翼龙贷要求风控人员把每个借款人的家庭关系、经济状况、收入来源、贷款项目的投资选择、市场环境、管理能力和风险控制等都汇入翼龙贷风控数据库，对收集到的资讯都通过视频、照片在网络公开。让投资者自己选择、自己研究、自己评价风险，最后做出投资决定。

（3）翼龙贷为了建立"三农"的征信数据，要求借款人提供 6 个亲友的联系方式，直接向亲友询问借款人的信誉，进一步加强了借款人的信用系数。

（4）翼龙贷的借款人的信用数据已经在 2015 年 9 月与央行支付清算协会进行了对接，完成了农民征信体系的雏形。

E）信息公开、线上投资

（1）信息公开是开展互联网金融业务的重要一环，为保证投资者的利益，需要详细调研借款人情况，并且进行信息公开，通过互联网的传播方式，利用互联网的传播特点，使得投资者更快，更便捷地了解借款人信息，更方便进行投资。

（2）线上投资即为通过互联网平台，开展投资。互联网的特点是传播迅速，这样更容易投资人迅速快捷地了解信息。

F）多级审核、借贷管理

（1）翼龙贷进行严格的控制风险。

（2）第一步，翼龙贷实行实名借贷，借款用户需要在线上进行身份认证、手机认证、视频认证等多项认证审核。

（3）第二步，由加盟商运营中心通过贷前家访调查所获得的各种信息资料，对借款用户进行综合评估审核，包括初审和复审两步。

（4）第三步，运营中心的审核结果最终交由翼龙贷总部，由总部风控审核专员再次审核，评定信用等级和借款额度。通过多级审核、严格把控，确保线上信息真实可靠，才进行信息公开披露。

（5）借贷管理：翼龙贷风控专员会通过短信、电话等多种方式联系借款人，核准借款人信息，跟踪借款人款项使用情况，提醒借款人及时还款。

图书在版编目（CIP）数据

农民手机应用 / 潘长勇，王伯文主编 . —北京：
中国农业出版社，2016.5（2018.12 重印）
ISBN 978-7-109-21765-2

Ⅰ.①农… Ⅱ.①潘… ②王… Ⅲ.①移动电话机—
基本知识 Ⅳ.①TN929.53

中国版本图书馆 CIP 数据核字（2016）第 123733 号

中国农业出版社出版
（北京市朝阳区麦子店街 18 号楼）
（邮政编码 100125）
责任编辑 殷 华

北京中兴印刷有限公司印刷 新华书店北京发行所发行
2016 年 5 月第 1 版 2018 年 12 月北京第 6 次印刷

开本：787mm×1092mm 1/16 印张：16.75
字数：372 千字
定价：40.00 元
（凡本版图书出现印刷、装订错误，请向出版社发行部调换）